# 우리 아이 영어 지금 시작합니다

# 우리 아이 영어 지금 시작합니다

**초 판 1쇄** 2021년 01월 21일

**지은이** 이도현
**펴낸이** 류종렬

**펴낸곳** 미다스북스
**총괄실장** 명상완
**책임편집** 이다경
**책임진행** 박새연, 김가영, 신은서, 임종익

**등록** 2001년 3월 21일 제2001-000040호
**주소** 서울시 마포구 양화로 133 서교타워 711호
**전화** 02) 322-7802~3
**팩스** 02) 6007-1845
**블로그** http://blog.naver.com/midasbooks
**전자주소** midasbooks@hanmail.net
**페이스북** https://www.facebook.com/midasbooks425



ISBN 978-89-6637-881-4 03590

값 15,000원

7세부터 14세까지, 행복한 영어공부 비법!

# 우리 아이 영어 지금 시작합니다

이도현 지음

"영어 걱정을 싹 지우는 이도현의 영어공부 원칙"

미다스북스

# PROLOGUE

어느 해 설날이었다. 지금은 하늘나라에 계시는 아버님께서 우리 아이에게 "아가, 공부 100점 맞았어? 학교에서 1등 했니?"라고 물으셨다. 당시 초등학생이었던 아이는 자신이 몇 등인지 모른다고 말하고는 '바른 글씨 어린이상'을 탔다고 자랑했다.

다행히도 시대가 바뀌었다. IQ(Intelligence Quotient) 시대에서 다중지능(Multiple intelligence) 시대로 말이다. 내가 어릴 적에는 머리가 좋고, 공부를 잘해야 칭찬을 받고 인정을 받았다. 즉 IQ로 '머리가 좋다, 나쁘다'라고 평가받던 시대에 살았다. 하지만 하워드 가드너 박사는 다중지능을 주장한다. 이것은 지능이 한 가지가 아니라 다양한 형태가 있다는 것이다. 예를 들면 과학자, 시인, 작곡가, 조각가, 외과의사, 엔지니어, 무용수, 운동 코치에게는 각기 다른 인지능력이 요구된다.

## 아이의 다중지능을 체크하라

나는 교육학을 배우면서 다중지능을 처음 접하게 되었다. 이 이론은 내가 어렴풋이 알고 있던 '인지능력이 사람들마다 다르다는 것'을 명료하게 해주었다. 그래서 나는 이것을 처음 들었을 때 사막을 헤매다 오아시스를 만난 것처럼 기뻤다. 왜냐하면 힘든 공부로 기가 죽은 아이들에게 자신에게 맞는 지능이 있음을 알려주고 동기부여를 해주고 싶었기 때문이다. 그래서 다중지능을 면밀히 공부하고 학생들을 가르칠 때 꼭 사용하겠다고 다짐했다.

어떤 아이는 계산은 잘하지만 음악을 어려워한다. 또 어떤 아이는 언어가 빠르지만 계산을 어려워한다. 어떤 아이는 운동을 잘하지만 악기를 다루는 것은 관심이 없다. 다중지능은 모든 아이들의 긍정적 측면을 바라봐준다. 존재 자체로 소중한 아이들의 장점을 최대한 살리는 방법으로 수업 내용을 구성하고 가르친다면 아이들은 참 행복할 것이다.

또한 가드너의 다중지능 이론을 적절히 아이에 맞는 학습으로 적용하는 것은 유용하다. 이는 아이들의 적성을 찾아 개발시켜주는 좋은 결과를 가져오기 때문이다. 다중지능의 구성은 다음과 같다. 자연친화지능, 자기이해지능, 대인관계지능, 음악지능, 신체운동지능, 시각공간지능, 논리수학지능, 언어지능이다.

나는 20년 동안 다중지능을 영어학습과 연결시켜 가르쳤던 아이들의 사례를 제시한다. 여러 번 강조하지만 아이들의 학습 스타일을 파악해야 한다. 생김새가 다르듯 아이들의 학습 스타일도 제각각이다. 따끈한 붕어빵은 맛이 있다. 하지만 개성이 없다. 우리 아이들은 똑같은 기계에서 나온 붕어빵이 아니다. '옆집 아이는 이렇게 해서 잘됐는데 우리 아이는 왜 안 될까?'라는 불필요한 생각은 쓰레기통에 버리기 바란다.

아이와 가장 가까이에 있는 엄마가 아이를 관찰해야 한다. 우리 아이에게 맞는 공부 방법을 제시하고 안내해야 한다. 예를 들면 학원에서 영어공부하기를 원한다면 아이 학습 스타일에 맞는 학원을 찾아주면 된다. 엄마표 영어를 한다면 독서를 기본으로 하되 우리 아이에게 꼭 맞는 책을 찾아주는 방법이 있다. 우리 아이를 성장시킬 방법은 기필코 있다. 자신에게 맞는 방법으로 공부를 시작한 아이는 영어를 사랑하게 될 것이다. 그리고 더 나아가 아이가 가진 감각과 재능을 발견하고 소중히 여길 것이다.

## 영어책 읽기는 효율적이고 효과적인 영어공부법이다

시중에는 어린이 영어교육에 관한 책들이 무수히 많다. 우리나라 엄마들의 영어교육에 대한 열정이 얼마나 큰지를 잘 반영해주는 것 같다. 그런데도 엄마들의 만족도는 그다지 크지 않다. 무엇이 문제일까? 이 책은 영어책 읽기가 가진 힘을 단순히 이론으로만 밝힌 것이 아니라, 나 자신이 영어교육 현장에서 유치원생, 초등학생, 중학생 등 많은 아이들을 가르치면서 얻은 사례와 노하우를 바탕으로 썼다. 영어책 읽기야말로 가장 효율적이고 효과적인 영어교육 방법이다. 이것을 직접 경험하고 이 책을 집필하였다.

영어를 가르치는 방법은 다양하다. 그러나 어떤 방법을 따르든지 가장 중요한 것은 '효과적으로' 하는 것이다. 영어책으로 영어를 가르치면 아이들이 영어라는 언어를 즐겁게 습득할 수 있다. 단순히 영어만 익히는 것이 아니라 책이 주는 많은 유익들을 함께 쌓아갈 수 있다. 독서 레벨이 올라갈수록 영어를 배우는 속도가 빨라지고, 시간이 흐를수록 영어를 더 즐기면서 할 수 있게 되기 때문이다. 이것이 바로 영어책 읽기가 가진 진정한 힘이다.

이 책에서 나는 왜 아이들이 영어책 읽기를 통해 영어를 배워야 하는지, 어떻게 하면 아이들이 영어를 배우는 과정을 즐겁고 행복한 일로 경험하게 할 수 있는지 제시하고자 한다.

### 영어공부를 하다보면 누구에게나 어려움이 닥친다

나는 네이버 블로그에서 아이의 영어공부에 한계를 느낀 한 분을 만났다. 영어에 시간을 많이 들였지만 전혀 실력이 오르지 않는다는 것이었다. 나는 내가 겪은 사례를 예를 들어 설명해드렸다. 그분은 용기를 얻으시고 감사하다는 말씀을 주셨다.

성공하려면 시간이 걸린다. 너무 많은 시간을 들이지 않고 영어공부에 성공하려면 먼저 아이의 학습 성향을 알아야 한다. 아이가 좋아하는 학습스타일을 찾는 것이 먼저다. 남이 하는 것을 모두 따라하다가 시간이 낭비될 수 있다. 아이가 좋아하는 방식을 찾아내 집중과 몰입을 하면 영어를 잘하게 되는 날은 반드시 온다. 예를 들어 우리 아이가 영화를 좋아하는지, 노래 부르는 것을 좋아하는지, 책 읽기를 좋아하는지 등 아이의 취미나 특기를 파악하자. 우리 아이의 경우에는 노래를 좋아했다. 그래서 영어공부를 팝송으로 시작했고, 노래를 부르면서 좋은 표현들을 적고 외국인 친구에게 그 말을 했다.

영어를 공부로 시작하면 공부로 끝나고 즐거움으로 시작하면 꾸준히 오래 할 수 있다. 그러다가 다른 좋은 방법이 있으면 해보는 것이다. 단, 남들이 말하는 비법들을 무작정 따라하는 것이 아닌 내가 좋아하는 것으로 말이다. 그리고 가속도가 붙을 때 철저히 공부계획을 세운다. 그 계획을 꾸준히 실행한다면 목표점으로 향하는 현재의 어려움은 그냥 거쳐 가는 과정으로 여겨질 것이다. 고속도로에서 잠깐 들렀다 가는 휴게실 말이다. 그러니 포기하지 말고 어려움을 참고 견뎌야 한다. 그럴 때 비로소 목표점에서 미소를 지을 수 있다.

## 꿈이 있는 아이는 아름답다

아이들은 이 지구별에서 자신의 꿈을 찾아 떠나는 여행을 하고 있다. 여행 중 여러 갈래의 길을 만나고 자신의 꿈을 선택하고 노력한다. 어릴 적 꿈이 바뀌는 것은 자연스러운 현상이다. 자신이 좋아하는 것을 알고 경험해가는 과정이기 때문이다. 그 꿈을 인정해주고 지지해주는 것이 중요하다고 생각한다. 또 다시 다른 꿈으로 바뀔지라도 그 순간을 즐기는 것은 아이에게 큰 행복처럼 보인다. 아직은 꿈을 탐색하는 과정에 있고 커갈수록 꿈이 확고해질 거라 믿는다. 우리는 대화를 통해 아이의 꿈을 구체화시키는 것을 돕고 현실이 되도록 강한 믿음을 주어야 한다. 꿈이 있는 아이는 밝고 진취적이다. 그래서 낮에도 즐겁게 꿈을 꾸며 최선을 다하는 삶을 산다.

내가 이 책을 읽는 독자들에게 전하고 싶은 위의 메시지를 다시 요약해보겠다. 영어 실력과 성적을 올리는 것에 앞서 아이에 맞는 학습을 위해 다중지능을 체크하기를 바란다. 그래야 마라톤과 같은 영어학습에서 아이들이 즐기면서 달릴 수 있기 때문이다. 또한 영어책 읽기의 유익만 보고 억지로 시켜서는 안 된다. 아이의 성향에 맞게 접근하여 영어를 익히고 책이 주는 많은 장점을 얻기 바란다. 하기 싫은데 억지로 하는 영어공부는 제일 큰 장애물임에 틀림없다. 그러니 영화 보기, 애니메이션 보기, 책 읽기 등에 아이가 좋아하는 분야를 파악하고 제시해줄 것을 권장한다. 또한 영어학습과 더불어 아이의 큰 꿈을 찾아주기 위해 장기 목표와 단기 목표를 세워서 하루하루 실천하기 바란다.

나는 20년 이상 영어교육을 해오면서 아이들의 영어를 걱정하는 부모님들을 만나왔다. 그분들의 사례가 현재 우리 아이의 영어교육에 어려움을 겪고 있는 분들에게 지표가 되었으면 하는 바람으로 책을 집필하고 싶었다. 그때 책 쓰기 코칭의 구루인 김도사님을 알게 되었다. 그는 단순한 바람이었던 그 꿈을 이루라고 응원해주셨다. 또한 무엇보다도 행동으로 이어지는 의식 확장을 도와주심에 감사드린다. 또한 원고에 대한 격려를 아낌없이 해주신 미다스북스 실장님과 열린 마음으로 의견을 수용해주신 팀장님께 감사드린다. 덕분에 『우리 아이 영어 지금 시작합니다』가 세상에 빛을 보게 되었다. 마지막으로 우리 어머님, 부모님과 남편 그리고 아들과 딸에게 큰 사랑과 깊은 감사의 마음을 전한다.

2021년 1월

눈 오는 겨울밤에, 이도현

# CONTENTS

## PART 2

# 내 아이에게 맞는 방법을 선택하라



## PART 3

# 우리 아이를 위한 이기는 영어공부 원칙

PART 4

## 우리 아이를 위한 8가지 영어공부 비법

PART 5

## 우리 아이 영어, 지금 시작합니다

PART 1

# 우리 아이 영어, 바로 지금이 적기다

01

# 우리 아이 영어, 지금이 적기다

우리 둘째가 7살 때, 가까이 지내던 친구에게 전화가 왔다. 그 친구와 나는 같은 시기에 임신을 했었다. 그리고 한 달 차이로 각각 딸아이를 낳았다. 이런 저런 정보를 교환하면서 잘 지내던 친구였다. 그 친구는 주말에 컨설팅을 받고 왔다고 했다. 7살부터 대학교 갈 때까지 '학원 학습 로드맵'을 서울 유명한 곳에서 짜왔다고 말했다. 3시간 동안 아이의 학년과 시기마다 어느 학원을 가야 하고 무엇을 배워야 하는지를 듣고 적어왔다고 했다. 친구는 그것이 엄청난 정보라고 생각했기에 비싼 비용이 드는 것을 당연하게 여겼다.

나는 우리 아이도 컨설팅을 받아보고 싶은 마음이 살짝 들었다. 그러나 연락처를 물어보지는 않았다. 컨설팅을 받으면 방향이 정해지는 것이 사실이지만 모든 학원에 다니는 것은 무리일 것 같았기 때문이다. 게다가 아이의 의견을 묻지 않고 정하는 길은 왠지 억지처럼 느껴질 것 같았다. 그리고 금액도 아주 비쌌다.

이 시기의 학부모들은 초등학교 입학을 앞두고 아이의 학교 적응을 많이 걱정한다. 그런데 7살 엄마인 내 친구는 아이의 학습이 뒤처지지 않을까 불안해했다. 그래서 학년별 학습 적정 시기를 고려한 7살부터 19살까지 학원 로드맵을 알게 되어 마음이 편해졌다고 했다.

영어교육 역시 마찬가지다. 예비 초등 학부모들이 가장 열정을 보인다. 내가 많이 받는 질문 중 하나는 '7살인데 시기가 늦은 것 아니냐'는 것이다. 나는 이런 질문이 비교하는 데서 온다고 생각한다. 영어 유치원에 다니는 아이들에 비하면 7살은 늦었다고 생각할 수 있다. 이 시기 부모님께 드리고 싶은 말은 우리 가족의 상황에 맞게 교육을 하는 것이 가장 알맞다는 것이다. 부모님의 경제 사정에 맞게 그리고 아이의 관심도에 맞게 교육 시기를 정하는 것이 현명하다. 우리 아이는 붕어빵이 아니기 때문이다. 옆집 아이와 우리 아이는 성격도 다르고 생김새도 다르다. 그리고 영어에 대한 흥미도 역시 다를 것이다.

나는 20년 넘게 영어교육에 종사하고 있다. 아이를 낳기 전에는 고등학생 비중이 컸다. 오전에는 유치원 아이들과 즐겁게 영어공부를 했다. 우리 아이가 태어난 후에는 시간을 맞추기가 편한 초등학생을 가르쳤다. 그 후 첫째가 중학교에 가기 직전에는 또래 친구들인 중학생을 가르쳤다. 이렇게 다양한 아이들을 가르치면서 학부모님들의 궁금증을 알게 되었다.

초등학교 3학년 때부터 영어는 학교 교과 과정에 들어간다. 이 무렵 학부모님들은 영어교육 기관의 문을 두드린다. 역시 대다수는 10살인데 시기가 늦은 건 아닌지 걱정한다. 나는 일단 학부모님의 마음을 안정시킨다.

내가 가르쳤던 학생 중 현서라는 아이가 있었다. 현서는 초등 3학년 때 영어를 시작했다. 1, 2학년 때 독서를 많이 했다고 했다. 그래서인지 영어책을 읽을 때 이해력이 빠르고 내용을 잘 알고 있었다. 심지어 처음 상담하는 날, 현서는 처음 본 영어책을 읽고 재미있다며 키득키득 웃었다. 그리고 간단한 시험에서 한국어와 다른 영어 문장 구조를 빨리 파악했다. 이 아이를 보면 모국어에 능숙한 아이는 영어도 잘한다는 말이 맞다.

10살인데 시기를 걱정하셨던 부모님 또한 다른 아이들과 비교하는 마음이 있었음을 짐작할 수 있다. 다시 말하지만, 우리 가족의 현재 상황이 중요하다. 아이가 준비가 되면 영어공부는 그렇게 어렵지 않다는 것이다. 천천히 걸어가고 싶은 아이를 달리라고 부추기지 않는다면 아이들은 잘 헤쳐나갈 힘이 있다.

지금까지 영어를 가르치면서 시기보다 중요한 것은 아이와 부모님의 마음이라는 것을 알게 되었다. 특별하게 영어교육을 받지 않았던 정현이는 학교 공부에 충실했다. 그리고 꾸준하게 독서의 끈을 놓지 않았다. 정현이의 부모님께 영어교육에 대한 상담 전화를 받았을 때는 고등학교 1학년에 들어가기 바로 직전이었다. 사교육을 하지 않았다고 한다. 그런데 고등학교 가기 전에 문법 공부를 체계적으로 하고 싶다고 했다. 중학교 때까지 영어공부를 교과서를 외우고 참고서와 문제집을 풀었다고 한다. 그런데도 총점은 반에서 1등을 놓치지 않았다고 했다.

5, 6학년 초등학생 학부모님들 걱정 중의 하나는 문법 학습이다. 중학교에 가면 문법 시험을 본다는 것을 알고 있다. 그래서 5, 6학년이 문법 학습을 하기에 적정 시기인지 묻는다. 하지만 나는 초등 고학년이 되면 모두 문법을 해야 한다고 생각하지 않는다.

나는 아이의 영어 독서력을 중요하게 생각한다. 영어책 읽기를 꾸준히 해온 학생은 문법 공부를 좀 늦게 시작해도 어려워하지 않는다. 하지만 읽기가 제대로 되어 있지 않은 학생은 문법 학습에 들어가면 무척 힘들어한다. 내가 생각하는 영어책 읽기는 글씨만 읽는 것이 아니라 내용을 정확히 이해하고 이야기 속으로 들어가서 주인공이 되어 상상까지 하는 정도다.

지금 내가 가르치고 있는 학생들은 중학생이라도 문법 공부 전에 독서를 먼저 시킨다. 일주일에 하루도 빠짐없이 영어책 읽기를 강조한다. 읽기 습관을 잘 들이면 실력이 오르는 것은 시간문제이기 때문이다. 사실 나는 초등학교 1학년 때 영어를 시작해서 독서력을 쌓고 있는 아이들은 많이 본다. 이들 부모님들은 독서의 중요성을 알고 있다. 꾸준한 독서로 공부시간을 단축한다.

독서는 하루아침에 이루어지지 않는다. 우리 아이에 맞는 단계별 독서 코칭을 해야 한다. 초등 5, 6학년이나 독서할 시간이 많지 않은 중학생을 위한 우리 아이만의 독서법을 코칭 받고 싶다면 언제든지 연락 바란다. (010.2675.4378)

'아이들 영어학습에 있어 적정 시기는 모두 같을까?'
'영어를 언제 시작해야 성공할 수 있을까?'
'아이들이 영어공부를 빨리 시작할수록 결승선에 먼저 도착할까?'
'영어를 늦게 시작한 아이는 영어를 잘할 수 있을까?'

몇몇 학부모님들은 불안한 마음에 이런 질문을 한다. 나는 첫 아이를 키우고 있는 부모님의 마음을 어느 정도 이해는 한다. 그러나 시기가 절대적으로 중요하다고 생각하지는 않는다. 영어공부의 적정 시기보다는 아이의 마음가짐과 기본 학습 습관을 먼저 따져보는 게 먼저이기 때문이다. 나는 또한 부모님의 관심과 믿음이 있다면 시기가 늦더라도 아이가 영어공부를 성공할 수 있다고 강하게 믿는다.

어느 날 전화가 왔다.

"선생님, 안녕하세요. 보미 엄마예요. 보미는 선생님 덕분에 고등학교에 들어가서 잘 적응하고 있어요. 우리 둘째도 수업을 해주실 수 있을까요?"

나는 너무도 반가웠다. 보미는 초등학교 3학년 때부터 중학생까지 나와 영어책도 읽고 학교 내신공부도 했던 학생이었기 때문이다. 보미 동생은 두 명이다. 그중 둘째 소윤이에게 6살부터 본격적으로 영어를 배우게 하고 싶다고 말씀하셨다. 나는 물었다.

"소윤이는 영어에 관심이 있나요? 책 읽기는 좋아하나요?"
"소윤이가 유치원에서 배운 영어를 곧잘 말하려고 시도하고 영어책을 가져와서 자꾸 읽어달라고 해서요. 하지만 셋째가 어려서 제가 지도하기가 어려워 걱정하다가 전화 드렸어요."

이렇게 아이의 관심도를 말씀해주셨다. 다행히 소윤이를 만났는데 일주일에 3번 20분씩 유치원에서 놀이로 하는 영어 표현을 기억하고 있었다. 하지만 나는 우리글 책을 더 읽기를 권했다. 그리고 초등학교에 들어갈 때쯤 연락을 달라고 말씀드렸다.

올해 초등학교 입학 전에 소윤이 어머니에게 다시 연락이 왔다. 나는 소윤이가 모국어만 탄탄하다면 영어는 저학년 어느 시기에 시작해도 괜찮을 거라는 믿음이 있었다. 8살 때 만난 소윤이는 걸림없이 영어를 잘 했다. 읽기를 좋아하고 그림책 읽는 스킬까지 완벽했다. 소윤이의 경우는 영어공부를 하기에 아주 적정 시기였다. 다른 아이들과 비교 없이 소윤이의 엄마는 아이의 흥미를 잘 관찰했다. 또한 엄마표 영어를 하고 싶었지만 본인의 상황에 맞지 않았기 때문에 엄마처럼 교육을 해줄 수 있는 나를 찾아온 것이었다.

아직도 우리 아이 영어공부 적정 시기를 고민하고 있는가? 현재 상황에서 아이에게 맞고 부모님의 상황에 적합한지를 고려하여 지금 바로 시작하자. 단, 주의할 점은 우리 아이가 영어를 시작할 때 속도보다는 방향을 먼저 생각해야 한다. 아이의 학습 성향을 고려하고 그 후에 엑셀을 밟는 것이 현명하다. 그리고 로드맵도 필요하다. 나아가 아이의 의견이 존중된 로드맵은 영어 실력의 추월차선을 경험하게 할 것이다.

다음의 6가지를 기억해보자.

1. 속도보다는 방향이다. 방향을 맞춘 후 액셀을 밟아라.
2. 로드맵도 필요하다. 하지만 아이의 의견을 더 존중하라.
3. 옆집의 경제력과 옆집 아이의 속도는 우리 아이와는 다르다는 것을 다시 한 번 기억해라.

우리 아이는 붕어빵이 아니라 귀한 보석이다.

4. 학교 영어 교과 과정은 3학년 때 시작한다. 그리고 99% 아이들이 쉽고 재밌게 학습할 수 있는 수준이다. 아이 기본 학습 습관이 잡혔다면 걱정할 필요 없다.
5. 5, 6학년은 문법 공부로 시작하지 말라. 기본 독서력과 모국어 실력이 있으면 문법은 어렵지 않다.
6. 영어학습 적정 시기란 없다. 현재 상황에서 아이에게 맞고 부모님의 상황을 고려하여 지금 바로 시작해라.

02

# 엄마표 영어와 학원 영어

우리는 살면서 인생에서 전환기를 겪는다. 전환기란 삶의 방향이 바뀌는 시기이다. 나는 결혼 후 엄마가 되어 가장 큰 전환기를 경험하였다. 살면서 새로운 일들이 닥칠 때마다 문제해결을 잘해왔다. 하지만 아이를 낳고 키우는 것은 나 혼자 잘한다고 되는 일이 아니었다. 그래서 너무 힘겨웠다. 아이를 건강하게 잘 기르고, 좋은 방향으로 인도하고 싶은 마음은 모든 부모들의 바람이다.

'죽느냐 사느냐 그것이 문제로다.'

나는 사실 햄릿형 인간이었다. 엄마들 역시 아이를 기를 때 언제나 선택의 기로에 서 있다. 무엇보다도 아이의 삶의 방향이 바뀌는 전환기에서 햄릿형 부모님들을 자주 본다. 아이가 5살쯤 되면 '영어 유치원에 보내야 할까? 일반 유치원에 보내야 할까?' 하는 고민을 하고, 아이가 초등학교를 들어갈 때쯤에는 '학원에 보내야 할까? 엄마표 영어를 할까?' 고민한다. 또한 예비 중등 시기에는 '과외를 해야 할까? 학원을 보내야 할까?'라는 새로운 고민을 한다. 인생은 선택의 연속이다.

다음은 엄마표 영어를 하는 대학 때 친구 딸, 유진이의 이야기이다. 유진이 엄마는 아이가 초등학교에 갈 무렵에 육아 휴직을 냈다. 아이의 교육을 위해서 사직서를 낼까 고민하다가 일단 휴직에 들어갔다. 그리고 본격적으로 영어책 읽기를 시작했다. 하지만 엄마의 마음과는 달랐다. 아이는 영어공부에 흥미가 없었다. 앉아서 원어민 음성을 들으며 영어책을 봐야 하는데 아이는 물을 너무 자주 먹으러 갔다. 그 후 화장실을 수시로 드나들었다. 유진이는 7일을 버티지 못하고 영어를 쉬었다고 했다.

이런 일을 겪은 친구는 나에게 만나자고 했고 그동안의 일들을 하소연했다. 나는 아이의 성격을 물어보고 취미 등을 물어보았다. 그리고 좋아하는 것이 무엇인지 물어보았다. 유진이는 활동량이 많고 가만히 앉아 있는 것을 힘들어한다고 했다. 그리고 춤추는 것을 좋아하고 동물 키우는 것을 좋아한다고 했다.

나는 유진이 성향과 같은 아이는 엄마가 끼고 공부를 시키는 것을 선호하지 않는다. 친구들과 같이 하는 소수 그룹 수업을 권장한다. 그 이유는 영어를 왜 공부해야 하는지 동기부여가 필요한 아이이다. 친구와 함께 하면서 자신을 바라보는 기회를 주는 것이 효과적이다. 그러면 자연스럽게 친구의 모습을 모방하다가 영어를 좋아하게 된 아이들을 본 적이 있다. 친구의 영향을 받지 않는 아이라면 조금 기다려주는 것도 좋은 방법이다.

엄마표 영어를 했던 소율이의 경우도 있다. 소율이는 엄마가 말하는 것은 곧잘 들었다. 소율이는 초등학교 1학년부터 2학년 말까지 2년 동안 매일 1시간은 영어공부를 했다. 쌍둥이 동생이 태어났을 때 엄마는 육아 휴직을 냈다. 엄마가 집에 있는 동안 소율이는 방과 후에 집에 와서 영어책 읽기와 동영상 보기를 했다. 아이는 영어 습득력이 빨랐지만 엄마에게 일이 생겼다. 동생들은 어린이집에 맡기고 엄마는 복직을 준비하는 중이었다. 그리고 지인에게 소개를 받고 나에게 전화를 하셨다. 2년 동안 엄마표 영어를 했는데 실력이 아주 놀라웠다. 책을 읽고 영어로 질문하는 것을 모두 대답했고, 영어일기를 쓴 노트를 보았는데 내용도 알차고 재미있게 잘 썼기 때문이다.

위 두 가지 사례에서 볼 수 있듯이 엄마표 영어는 아이의 성향이 영어교육의 성공을 좌우한다. 그래서 아이의 성격을 잘 관찰하는 것은 아이의 영어교육에 도움을 준다. 그리고 아이와 엄마와의 상황도 중요하다. 영어학습을 엄마와 잘하고 있지만 직장에 복직해야 했던 엄마는 영어학습 전문가를 찾았다. 아이의 영어를 위해 휴직을 했던 유진이 엄마도 자신의 일을 다시 시작했다.

다음은 학원에서 영어공부를 열심히 하는 서준이의 이야기이다. 서준이는 안성에 살고 있다. 나의 친언니의 아들이다. 언니와 서준이는 노래를 하는 것을 아주 좋아했다. 그래서 나는 아이들이 좋아할 만한 영어 노래를 언니에게 추천해주었다. 언니는 집안일을 할 때 영어 노래를 자주 듣다 보니 가사와 리듬을 외우게 되었다. 그리고 자연스럽게 엄마와 아들은 영어 노래를 즐겨 부르는 사이가 되었다.

언니는 서준이가 3학년 때 취업을 하게 됐고 영어 학원을 보냈다. 서준이는 지금 5학년인데 영어학원에서 1%안에 들 정도로 영어를 잘한다. 선생님들로부터 칭찬을 받는다. 숙제를 빠뜨리지 않고 잘해가기 때문이다. 엄마는 아들이 모범생이라는 말을 자주 듣게 되니 아주 만족해했다. 서준이는 영어학습에 거부감이 없다. 엄마와 영어노래를 즐겁게 불렀던 것이 좋은 추억으로 남아서일까? 서준이가 학원을 가기 전 '영어는 재미있는 것'이라는 긍정적인 경험을 한 것이 큰 도움이 된 것 같다.

"우리 아이는 영어 학원에 2년 정도 다녔어요. 요즘 학원 다니기를 싫어해서 걱정이에요. 아이의 미래가 염려돼서 그냥 열심히 하라고만 했죠. 그런데 숙제를 못 해가서 혼이 난 뒤로는 더 완강해졌어요. 절대 안 다니고 싶다고. 급기야는 영어학원에 불을 지르고 싶다고 해서 깜짝 놀랐지 뭐예요."

내가 4학년 준호를 처음 만났을 때 준호 엄마로부터 들은 말이다. 준호는 밝은 미소를 가진 남자아이이다. 그런데 영어가 세상에서 가장 싫다고 했다. 이유는 자신이 영어를 못해서라고 했다. 그리고 숙제도 너무 많고 지겹다고 하소연한다. 나는 준호 엄마에게 공부했던 영어책이 있으면 보내 달라고 요청했다. 7살 아이의 영어책을 펼쳤는데 빨간색 동그라미들과 체크 표시가 있었다. 한마디로 피바다였다. 동그라미보다 체크 표시가 많았던 것이 놀라웠다. 아이의 마음이 어땠을까? '나는 영어를 못하는 아이야.'라고 여기는 준호가 안쓰럽게 여겨졌다.

이 시기의 아이들은 부정적인 피드백에 민감하다. 긍정적인 면을 찾아주고 부족한 면은 보완해줘야 하는데 안타까웠다. 또한 아이가 힘들어하는데 아이의 마음을 몰라주는 준호 엄마를 보니 아이의 입장이 이해가 되었다. 그래서 아이는 '나는 영어를 못하는 아이'라고 스스로 낙인을 찍었던 것 같다. 당연히 위로받고 싶었을 텐데 준호는 엄마조차 자기편이 아니라 얼마나 힘들었을까?

정윤이 엄마는 영어교육에 관심이 많다. 영어교육서를 많이 읽었다고 한다. 그녀는 영어교육서를 읽을수록 머리가 아프고 '우리 아이가 뒤쳐져 있다'는 생각에 사로잡힌다고 한다.

'초등 1, 2년 때가 골든 타임이다.'

'이때 영어공부 안 하면 영어 잘하는 아이가 되는 것은 포기해야 한다.'

'초등 3, 4학년 때까지는 책 읽기 목표를 정하고 많은 책을 읽혀라.'

'영어책 1,000권 읽기 도전!'

'5, 6학년은 책 읽기와 함께 현실적인 중등 공부도 병행한다.'

'토플 공부를 시작하라.'

자신의 아이가 하나도 실천을 못 하고 있는데 책 속의 문장들을 보면 답답하다고 했다.

아이들은 모두 다르다. 생김새도 가정환경도 다르다. 영어에 흥미가 있을 수도 있고 없을 수도 있다. 그래서 영어학습 방법도 아이마다 달라야 한다고 생각한다. 그래서 아이의 성향에 맞는 학습 방법을 선택하길 권한다. 학습 방법이 정해지면 아이의 마음을 잘 읽어주고 다독여서 꾸준한 학습으로 이끌어줘야 한다.

프랑스의 철학자 사르트르는 "인생은 B(birth)와 D(death) 사이의 C(choice)다."라는 유명한 말을 남겼다. 우리는 태어나서 죽을 때까지 크고 작은 결정을 내리며 살아간다.

"우리 아이 영어공부 어떻게 시킬까요? 엄마표로 할까요, 사교육에 맡길까요?"

엄마표 영어가 모든 아이에게 다 맞는 것은 아니다. 엄마표 영어를 경험한 유진이와 소율이를 보면 아이의 마음과 학습 성향이 다르다. 또한 사교육이 모든 아이의 성적을 쑥쑥 올려주는 것도 아니다. 학원에서 공부한 준서와 준호는 확실히 다른 양상을 보인다. 나는 엄마표 영어든 사교육이든 아이와 엄마가 행복한 것이 먼저라고 생각한다.

03

# 우리 아이 영어 어떻게 도와줘야 할까?

요즘은 우리 아이 영어공부를 위한 방법론을 알려주는 책들이 시중에 많이 있다. 그런 책들은 주변에 아주 흔하다.

'우리 아이는 이런 영어 로드맵을 가지고 성공했습니다. 이 로드맵대로 노력하면 우리 아이도 할 수 있습니다.'

그런데 정작 그 방법대로 되지 않으면 부모는 우리 아이가 '부족해서'라고 생각하기 쉽다. 하지만 나는 부정적인 면에 초점을 맞추지 않는다. 내 아이에게 맞지 않는 방법이기 때문에 아이가 잘할 수 없다고 생각한다. 그래서 우리 아이에 맞는 방법을 찾았으면 한다. 과연 이미 경험한 아이들처럼 우리 아이도 같은 길로 가야만 성공할 수 있을까?

나는 '아이에게 영어를 어떻게 도와줘야 할까?' 고민하기 전에 먼저 '멘토형 부모'가 되기를 바란다. 멘토형 부모는 아이가 영어를 공부할 때 아이의 마음을 잘 알아준다. 그래서 아이와 관계가 원만하다. 아이는 부모의 권위를 인정하고 부모도 어린 아이를 인격적으로 대한다.

나는 끈기와 노력으로 두 딸의 멘토가 된 엄마를 우연히 알게 되었다. M은 결혼 전에 좋은 엄마가 되기로 결심했다고 한다. 자신의 부모님은 너무 바빴고 M의 마음을 몰라줬기에 꼭 아이와 함께하고 힘들 때마다 마음을 어루만져줄 것이라고 다짐했다. 결혼하고 아이들을 낳고 시간이 흘러 유치원에 보냈다.

하지만 '아무리 바빠도 친절하고 상냥하게 이해시킬 거야. 아이들이 어려도 인격체로 대해줄 거야.'라고 했던 다짐은 이때 모두 사라져버렸다. 2살 차이인 딸들은 매일 고자질을 하고 싸웠고, 엄마는 아이들에게 매일 화를 내게 되었다. 엄마의 눈썹 사이 미간은 항상 찌푸려져 있고, 주름이 파이고 파여 깊은 골이 새겨졌다. '내가 왜 아이를 두 명이나 낳아서 이 고생을 하고 있는 거야?', '애들이 아빠 성격을 닮아서 나하고 너무 맞지 않아.'라며 원망을 했다.

아이들은 초등학생이 되었고 엄마의 말을 더 듣지 않았다. 이 시기에 큰 아이가 3학년 때 영어 동화책 읽기를 시작했다. 그런데 처음에는 엄마를 따르다가 결국 영어책 읽기를 그만두게 되었다. 방과 후 집으로 오지 않고 친구와 약속을 잡고 놀았다. 엄마는 다시 한 번 좌절한다. '영어 학원을 보내야 하나?' 고민하다가 시기를 놓친다. 아이들과 집에서 영어책을 읽는 것은 하늘의 별을 따는 것만큼 힘들었다.

좋은 엄마가 되고 싶은데 왜 자꾸 다른 방향으로 가는 걸까? 어떻게 해야 좋은 엄마가 되는 건지 너무도 암담하다. 그 후 지인의 소개로 '대화법 교육'을 받게 되었다. 모든 잘못은 아빠의 성격을 닮은 아이들도 아니고 남편도 아니었다. 바로 엄마 자신에게 있었다는 것을 깨닫게 된다. M은 아이들이 싸울 때마다 짜증을 내고 큰소리를 치고 벌을 주었다. 위협을 해도 아이들은 좀처럼 나아지지 않았다. 마침내 엄마는 대화법 교육을 실천하기로 하고 아이들의 마음을 알아주기로 결심한다.

"그동안 엄마가 미안해. 엄마 밉지. 좋은 엄마가 되도록 노력할게."

그 후 문제가 있을 때 아이들의 마음을 읽어주고 나의 감정을 표현하는 방법으로 대화를 풀어갔다. 아이들이 싸울 때 문제 해결에 초점을 맞추기보다는 그 전에 아이들의 마음을 존중해주었다. 마음을 알아주니 아이들과 관계가 조금씩 회복되었다. 아이들이 짜증을 내면 '왜 짜증을 내냐고!' 하며 화를 먼저 냈었다. 이제는 어떤 경우라도 먼저 아이들의 말을 들어준다. 그랬더니 어느새 두 딸의 관계가 좋아졌다. 그리고 엄마와 아이들도 부드러운 사이가 되었다. 어떤 문제를 만나도 극복할 수 있었다. 그리고 스스로 '성장할 기회가 왔구나.'라고 생각하며 관점을 바꾸어서 대면한다.

그 후 M은 아이들과 좋은 관계를 유지하고 둘째 아이는 집에서 엄마표 영어를 한다. 첫째는 학원에서 영어를 배운다. 아이의 영원한 지원자인 엄마와 이젠 모든 일을 상의한다. 엄마표 영어든 사교육이든 아이의 감정을 알아주면 영어공부도 저절로 됨을 알 수 있다.

다음은 현정 엄마의 이야기이다. 현정이는 굉장히 내성적이다. 말이 거의 없다. 현정이의 타고난 기질임을 엄마는 잘 알고 있다. 아이가 작은 실수를 해도 잘못을 지적하지 않고 부정적인 자아상을 심어주지 않기 위해 노력한다. 현정이가 자신을 표현하도록 말을 끝까지 들어준다.

현정이는 나와 7살 때 영어를 시작했다. 4학년 때까지도 영어숙제를 내주면 잘 잊어버리곤 했다. 그때도 엄마는 아이를 도와주었다. 괜찮다고 안심을 시키고 나에게 작은 손 글씨로 편지를 보냈다. 현정이 엄마는 아이의 마음을 파악하고 내성적인 아이 편에 서서 도움을 준다. 현정이 엄마를 보면 나의 마음도 편해진다.

현정이가 중학생이 되었을 때는 방 안에서 나오지 않고 시무룩한 얼굴로 지내던 시절이 있었다. 엄마는 아이의 행동이 마음을 표현하는 방법임을 알고 기다려주었다. 중학교 2학년 때는 대화를 더욱 피하고 의도적으로 말을 듣지 않고 반항을 할 때도 있었다. 그래도 차분하게 아이의 맘을 받아주고 반항하는 것에는 이유가 있으니 참고 기다려주었다.

지금 현정이는 고등학생이다. 엄마의 간절한 믿음과 기다림으로 자신감이 넘치는 아이가 되어 있다. 영어 독서도 꾸준히 해서 글쓰기 상도 타고 다른 과목들도 상위권에 속한다.

나는 현정이 엄마를 옆에서 지켜보면서 감동받았다. 이 시대 자녀교육의 대가라고 말하고 싶다. 먼저 내 아이의 성격을 잘 파악하고 있다. 그리고 아이의 기를 꺾지 않고 할 수 있다는 자신감을 꾸준히 심어준다. 보통 부모들은 아이의 속마음보다는 겉으로 나타나는 행동에 초점이 간다. 나는 아이를 믿어주고 기다려주는 엄마를 바로 옆에서 언제라도 만날 수 있어서 행복하다. 남의 아이도 내 아이처럼 느껴질 때가 있기 때문이다.

숙제하지 않고 놀기를 좋아하는 은샘이가 있다. 은샘이는 영어공부를 습득하는 힘이 아주 빨랐다. 엄마는 하루에 학원을 5개나 다니며 힘들어하는 아들에 대해서 잘 모르시는 것 같다. 학원이 너무 많다 보니 수업마다 늦게 되고 계속되는 악순환에 엄마는 아이를 다그치고 혼을 낸다. 엄마가 직장을 다녀서인지 아이는 집에 가지 못하고 학원을 맴돈다. 나는 직장에 다니는 엄마도 아이도 안쓰러웠다. 그래서 걱정하는 마음을 담아 은샘이 엄마께 편지를 보냈다. 그 당시 굉장히 나에게 호의적이셔서 보낼 수 있었다. 편지와 함께 아이의 마음을 파악할 수 있는 책을 같이 보내드렸다. 아쉽게도 책 제목이 기억나지 않는다.

내가 드렸던 책 속의 작은 메시지가 어렴풋이 기억에 남는다. 그것은 8대 2 법칙이다. 아이를 이해하는 대화와 부모의 가치를 전달하는 대화의 비율이다. 예를 들어, 아이가 "시험을 망쳤어."라고 했을 때 "다음부터 시험 한 달 전부터 차근차근 계획을 세워 준비해라."라고 조언을 할 수 있다. 또는 "열심히 했는데 속상하지?"라고 위로를 할 수도 있다. 이런 대화는 둘 다 필요하지만, 전자가 너무 강조되면 곤란하다고 말한다. 오히려 모든 대화에서 자녀를 이해하는 대화가 80% 정도가 되어야 한다는 것이다. 그래야 20%의 조언, 훈계, 가르침이 제대로 받아들여질 수 있다.

우리 아이 영어 어떻게 도와줘야 할까? 방법론과 영어책 목록에 앞서서 아이와 엄마의 관계가 영어공부를 돕는 '마스터키'다. 나는 한 심리학 교수님께

‘인생은 관계가 모든 것이다.’라는 말을 들은 적이 있다. 나를 존중해주고 알아주는 사람의 말을 듣게 되기 때문이다. 관계가 좋지 않다면 아이에게 도움을 줘도 아이 입장에서는 도와주는 것이라고 생각하지 않을 수 있다. 즉 엄마는 아이를 돕고 싶지만 아이가 도움을 원하는지 알아야 한다.

또한 우리 아이 생김새가 옆집 아이와 다르듯 공부하는 성향과 학습 스타일도 다르다. 그러므로 아이와 좋은 관계를 유지하자. 또한 아이의 성향에 맞는 정확한 학습법을 찾고 거기에 맞는 영어학습 계획을 세워보자.

04

# 왜 영어를 공부해야 할까?

오랜만에 친구를 만났다. 그녀는 차를 마시는 중에 유튜브에서 〈언어발달의 수수께끼〉라는 것을 보았다고 말했다. 그 후 영어에 관심이 많은 나에게 꼭 보라고 추천해주었다. 그것은 조기 영어교육 열풍에 맞서 제작된 프로그램이었다. 요즘은 영어를 어렸을 때부터 배우기 때문에 대신 중국어를 한 번도 배우지 않은 22살 대학생 5명과 유치원생 5명을 대상으로 실험이 진행된다. '어릴수록 언어 습득 능력이 빠를까?'에 대한 의문을 두고 제작된 내용이었다.

출연자들은 중국어로 자기소개나 인사 그리고 특정 단어들을 30분 정도 학습한다. 이는 어린이의 눈높이에 맞는 수준이었다. 10명은 중국어를 배우고 수업이 끝난 후 다른 교실에서 각자의 테스트가 이루어진다. 어린아이들이 점수가 높았을까? 아니면 대학생들이 점수가 높았을까? 어릴수록 언어를 스펀지처럼 받아들인다는 것을 잘 알고 있다. 하지만 결론은 대학생들의 점수가 높았다. 언어는 자연스러운 '놀이' 환경에 노출되는 것이 아닌 이상 '학습'이 된다고 한다. 아이들에게 학습은 재미없다. 신기하게도 아이들은 직감적으로 학습과 놀이를 구분한다고 한다. 그러므로 학습은 나이와 상관없이 목적의식을 갖고 일정 양의 교육을 받으면 잘할 수 있다는 내용이었다.

나는 영어책 읽기의 중요성을 알고 상담받으러 오신 부모님께 설문지를 드린다. 그 중에 하나는 '영어를 공부하는 목적은 무엇입니까?'이다. 10년 전에 부모님들은 딱히 영어를 배우는 목적에 대해 생각해본 적이 없는 분들이 많았다. 초등학생들은 다른 과목에 비해 영어는 1학년 때부터 시작한다. 늦어도 초등 과정에서 영어공부가 시작되는 3학년 때는 거의 모든 학생이 사교육을 받거나 영어교육을 시작한다. 또래 친구들이 영어를 배우니 쉬고 있으면 뒤처지는 것이 두려워 영어를 공부하는 아이들도 있다. 그런데 요즘은 아이와 부모님 모두 목적의식을 가지고 있다는 것을 알게 되었다.

4학년인 수영이는 중학교 3학년 때부터 미국에서 공부하겠다고 한다. 어학원을 통하여 현지인 집에서 살면서 국립학교에 다닐 계획을 미리 정해놓았다고 했다. 그리고 앞으로 국제적인 외식업체 경영자가 되는 꿈을 꾸고 있다고 말했다. 꿈을 가지고 있는 수영이는 남달랐다. 항상 밝은 표정을 잃지 않았고 영어공부하는 것을 즐기려고 노력했다.

영어를 공부하는 진정한 목적은 무엇일까? 나는 수영이처럼 자기 자신의 미래를 위해 노력하는 과정을 즐기는 것에 박수를 보낸다. 즐기면 목적을 이루기가 쉽기 때문이다. 또한 영어는 학문이 아니라 사람이 사용하는 언어이다. 내 생각을 전달하는 하나의 수단일 뿐이다. 결국 외국에 갈 목적이 있다면 내 생각을 전달하기 위한 하나의 수단이다.

우리 나라 사람들은 초등학교, 중학교, 고등학교 때는 내신 성적을 위해 영어공부를 한다. 그 후 대학입시를 위해서 수학능력평가 시험이 있다. 대학을 입학하면 영어를 전공과 교양으로 배운다. 대학에서 교환학생을 가게 된다면 영어권으로 간다. 그래서 학과 점수에 영어 실력이 뒷받침이 되어야 이 좋은 기회를 활용할 수 있다. 대학 졸업 후 취직을 하려면 토익, 텝스 등 공인 영어 시험 점수가 필요하다. 그리고 직장을 옮기거나 승진을 위해 영어 시험 점수가 필요한 곳이 있다. 영어를 하지 않아도 살 수 있지만 좋은 스펙을 원한다면 일반적으로 많은 곳에서 영어 시험 점수를 요구한다. 수영이처럼 자신이 하고 싶어서 영어공부를 하면 금상첨화일 것이다. 하지만 이처럼 우리 사회가 원해서 영어를 공부해야 하는 경우가 더 많다.

3학년인 미애는 영어공부에 관심이 없는 편이다. 엄마의 도움으로 영어공부를 조금씩 하고 있다. 학습 스케줄을 까먹는 것이 다반사다. 친구들과 노는 것이 가장 좋다고 한다. 어느 날 미애는 활기찬 얼굴로 말을 걸었다. 그 내용은 뉴질랜드를 다녀왔다고 했다. 자연이 살아 있는 뉴질랜드에 다녀온 미애는 현지 사람들과 소통을 하고 싶어서 영어를 공부해야겠다고 마음먹었다.

이제 11살인 아이가 자신의 문화권 밖에 있는 영어권 사람들을 이해하고 자신의 생각을 전달하고 싶은 마음이 생기다니 놀라웠다. 이렇게 동기부여를 받아서 영어를 익히면 새로운 문화를 알게 되고, 자신의 생각과 가치관도 더 확장된다. 더욱 성장할 미애를 머릿속에 그려보니 참으로 기특하고 자랑스럽다.

어떤 사람은 한국에서만 있어도 잘 살 수 있으니 영어를 배울 필요가 없다고 한다. 하지만 나는 사고를 조금만 확장하면 전 세계가 내 앞마당이 될 수 있다고 믿는다. 내가 영어를 못하는 이유로 앞마당의 범위가 좁아진다면 우물 안 개구리처럼 살아야 한다. 우물 안에서 바라보는 하늘은 참으로 답답하게 느껴진다. 외국인과 이야기를 하며 그들의 문화나 가치관을 배우게 되면 지금 보다 훨씬 폭넓은 가치관이 형성된다. 또한 더 나아가 타인과 나 자신을 이해하는 관점을 넓힐 수 있다.

우리 가족은 1년에 한 번은 꼭 해외여행을 하기로 약속했다. 작년 겨울 필리핀에서 있었던 일이다. 시간이 부족해서 신랑에게 여행 계획을 부탁했고 우리는 급히 비행기에 올라탔다. 패키지 여행이었는데 내가 알고 있던 일정과는 달리 아이들이 즐길 수 있는 프로그램이 빠져 있었다. 그래서 우리는 서약서를 쓰고 패키지에서 분리되어 가족여행을 시작했다. 그래서 아이들이 좋아하는 세계 5위 빌딩인 롯데월드 타워에서 새해맞이 카운트다운 불꽃쇼를 봤다. 전통의상 입어보기 등 문화 체험도 했다. 그리고 현지인들에게 인기가 많은 장소에 가서 아이들이 먹고 싶다는 음식을 먹었다.

만약 영어를 할 수 없었다면 내가 원하지 않은 프로그램을 따라다녔을 것이다. 그리고 하고 싶지 않은 패키지 상품을 추가로 신청했을 것이다. 이때 보통 사람들은 울며 겨자 먹기로 돈을 내고 다녀온다. 왜냐하면 패키지 여행에서는 나 때문에 다른 사람들이 피해를 본다고 생각하기 때문이다. 그리고 나선 모두들 후회를 한다. 요즘 다양한 어플로 언어 번역 프로그램이 있지만 나의 표정이나 마음까지는 대신할 수 없다고 생각한다. 영어를 말할 줄 안다면 시간도 절약하고 나의 기호에 맞는 장소도 다닐 수 있다. 그리고 현지인과 더 가까운 친구가 될 수 있다.

우리 아이들에게 영어를 공부하는 목적으로 시험만을 강조하기보다는 일상생활 속의 이야기를 해주는 것이 좋다. 예를 들면 아빠 이야기를 들려주는 것이다.

"아빠가 회사에서 승진을 해야 하는데 영어공부를 하느라 고생하고 있어. 아빠는 학창 시절 열심히 공부하지 않은 것이 후회가 된다고 한 것 들은 적 있지?"

사실 이것은 우리 신랑의 이야기이다. '영어를 조금만 더 공부했어도 해외 지사로 갈 수 있었을 텐데.'라며 아쉬워 한 적이 있다. 지금은 바쁜 업무로 시간도 부족하고 머릿속이 복잡해서 공부를 해도 바로 잊어버린다고 했다. 아이들 입장에서는 직접적인 경험이 아니라 바로 알아듣지 못한다. 하지만 조금 시간이 흐른 뒤 오버랩이 되면서 깨달음이 올 것이다.

목적의식을 아이들에게 어떻게 심어줄 수 있을까? 20살이 넘으면 자연스럽게 자신의 꿈을 이루기 위해 영어의 필요성을 느끼고 배우면 성과가 빠르게 나타난다. 그러나 10대들에게 지금 당장 영어공부를 위해 목적의식을 심어준다는 것은 쉽지 않다. 일단 유치원생이나 초등학생에게는 아이들이 영어가 싫어지지 않게 아이를 관찰하고 힘든 부분을 먼저 알아주는 것이 중요하다. 그리고 타이밍을 맞춰서 칭찬을 적절하게 해줘야 한다.

언어는 단숨에 이루어지지 않는다. 그러므로 동기부여를 아끼지 않으면서 자존감이 무너지지 않도록 해주어야 한다. 아이가 자신이 영어를 잘한다고 느낄 때 꿈에 대한 대화를 해준다. 그러면서 미래에 내가 가고 싶은 나라가 어딘지, 그 나라에 가서 무엇을 하고 싶은지 아이 스스로 찾아내도록 돕는다. 엄마의 이야기, 주변 사람의 경험, 책을 통한 간접경험을 듣고 왜 영어를 해야 하는지 생각할 시간을 마련해주면 어떨까?

"언어는 학습이 목표가 아니라 하나의 도구로서의 목적이 강합니다. 언어는 자신을 표현하는 수단이자 세상을 이해하는 틀입니다."

– 한동일, 『라틴어 수업』

05

# 영어, 부모의 마음가짐에 달려 있다

심리학자이자 철학자이며 하버드대학교의 교수였던 윌리엄 제임스는 다음과 같은 말을 했다.

"몸의 행동은 내적 생각의 외적 발현이다. 당신은 당신 속에서 보는 것을 당신 밖에서도 얻는다."

이 말은 모든 행동은 정신에서 시작된다는 의미다. 내가 이성적으로 알고 있는 것이 어떤 것이든 내가 중요하게 생각하는 것, 내가 원하는 것, 내가 하고자 하는 것은 '마음의 움직임'으로 표현되는 것을 말한다. 의도치 않았더라도 무의식 속에 잠재된 마음이 나도 모르게 행동으로 표출된다.

이는 영어공부에도 해당된다. 아이를 바라보는 부모의 마음은 그대로 전달된다. 2학년인 민재가 있었다. 민재는 듣는 대로 말하고 한 번 배운 말이나 단어는 대부분 기억했다. 나는 민재가 굳이 파닉스를 하지 않아도 독서를 많이 하면 영어 실력이 올라갈 거라는 생각이 들었다. 하지만 민재 엄마는 그런 민재의 능력을 믿어주지 않는 것 같았다. 왜냐하면 TV에 나오는 영어 영재에 비교하여 아이를 평가했기 때문이다.

TV에 나올 정도의 영재는 진짜 로또에 당첨될 확률로 한두 명에 해당된다. 민재는 그 한두 명은 아니지만 기본 공부 습관과 언어감각에 대한 무한한 가능성이 있었다. 민재 엄마는 집에서 아이에게 영어를 해라 마라 하는 것이 너무 힘들어져서 영어 수업을 나에게 맡기셨다. 지금 민재는 영어를 힘들지 않게 공부하고 있다. 아이의 능력과 학습 태도가 좋았기 때문이다. 집에서 2시간 분량의 예습을 엄마가 도와주신다. 시간도 칼같이 지키는 아이였기에 더 가능성이 보였다.

엄마의 무의식 속에는 '우리 아이는 영어 영재들에 비해 부족해.'가 있었다. 그리고 '영어는 아무리 노력해도 정복할 수 없어.'라는 관념들 또한 자리 잡고 있었다. 부족하다고 생각하면 부족한 쪽에 집중하게 된다. 여러 번 민재의 능력을 알려드렸다. 그러면서 시간이 지나갔다. 그리고 민재는 눈에 보이게 실력이 향상되었다. 이제야 엄마는 다행히 아이를 믿음의 시선으로 바라봐주신다. 그리고 영어 성공의 핵심은 공부량과 능력을 믿어주는 것이라고 말씀하신다.

"엄마는 영어를 잘 모르니 너희들만이라도 영어라는 거대한 산을 넘어라."

내가 아는 지인의 말이다. 엄마는 열심히 돈을 벌고 아이 둘은 유명한 사립학교에 보내진다. 그곳에서 아이들은 영어라는 거대한 산을 여러 아이들과 함께 경쟁하며 배운다. 사실 일반적인 초등학교와 같았지만 영어를 쓰는 것만 빼면 다를 게 없다. 여기에 다니는 학생들은 학교에서 영어를 쓴다. 그런데 또 사교육을 받는다. 남매는 영어의 경쟁 속에서 자신감을 잃고 자신이 영어를 못하는 아이라는 결과만 얻고 초등학교를 졸업한다.

다른 부모들은 아이를 지지하고 영어는 의사소통이라고 여겨준다. 그냥 선생님과 영어로 대화하고 친구들과 영어로 말하고 재미있게 놀다오기를 바란다. 하지만 남매의 엄마는 시험 성적을 체크하고 점수를 보고 나무란다. 그리고 오늘도 영어공부를 많이 해서 훌륭한 사람이 되라고 강조한다.

이렇게 자녀 교육에 있어서 표면에 나타난 모습보다는 그 아래에 깔려 있는 부모의 기대치와 방향 설정이 잘못된 경우가 많다. 사춘기 아이들은 부모의 눈으로 세상을 보고 부모의 가치관으로 세상을 판단한다. 부모가 영어에 대해 거부감과 같은 거리감을 가지고 있으면 아이도 같은 경험을 한다.

30대에 여행을 하다가 만난 친구가 있다. 이 친구는 4학년, 6학년 남매를 키우고 있다. 엄마는 영어공부하는 것이 취미다. 그래서 일주일에 한 번 모임에서 영어를 공부한다. 자신의 실력을 갈고 닦는 것을 꾸준히 20대부터 40대까지 해왔다. 직장을 다닐 때 무역 일을 했기에 동남아 지역으로 출장을 자주 갔다. 친구에게 영어는 무역 일에 관한 문서를 작성하는 것이었다. 그리고 출장 가서 업자들과 대화하는 수단이었다. 친구의 남편도 회사에서 일주일에 2번 정도는 해외 업자와 전화로 대화를 한다. 친구와는 다르게 외국인과 매번 전화로 말할 때마다 겁을 먹기는 하지만 의사소통에는 별 문제는 없는 듯 했다.

2020년 1월에 코로나19가 터지기 바로 직전 친구의 가족 4명은 필리핀으로 여행을 간다. '필리핀에서 한 달 살기' 프로그램을 등록하고, 한국을 등지고 날아갔다. 엄마, 아빠는 자신들이 영어를 할 수 있지만 그동안 아이들에게 영어를 잘해야 한다고 강요를 한 적이 없었다. 대신 아이들에게 영어권에서의 생활을 선물해주고 싶었다. 그렇게 동기부여를 받아 영어를 거부감 없이 접하기를 기대했다. 아이들은 ESL 학교에서 아침부터 오후 6시까지 영어수업을 받는다. 오전에는 개인 선생님과 영어공부를 하고 오후에는 친구들과 함께 다양한 활동들을 하며 영어를 익힌다. 아이들에게 놀이는 자연스러움 그 자체이다. 나는 신나게 놀고 영어를 배울 수 있는 환경이 우리나라에도 있으면 좋겠다고 생각했다. 우리나라에서 학원을 다니며 숙제하느라 바쁜 아이들과는 대조적이다.

남매는 이곳에서의 생활을 영어공부가 아니라 친구들과 다양한 활동을 한 것으로 기억한다. 그리고 그것을 소중한 추억으로 여긴다. '현지 학교 아이들 만나기 프로그램'에서 필리핀 아이와 짝이 되었다. 짝과 전통 인형을 만들었던 추억, 수영장에서 아이들과 놀았던 추억, 전통 춤을 추고 게임을 했던 추억들이 아이들의 마음 속 깊이 남아 있다.

영어에 대한 거부감 없이 남매는 엄마 아빠처럼 자연스럽게 영어학습을 한다. 부모의 영어에 대한 부정적인 거리감이 없었기에 가능했었던 것 같다. 아이의 내적 동기를 자극하여 준 여행은 아이들과 부모에게 값진 선물이었을 것이다.

SNS 글을 보다가 태교부터 미국 드라마를 보고 유아 때도 늘 영어 노래를 들려주었더니 초등학교 때 영어를 시작한 아이들보다 잘한다는 의견을 본

적이 있다. 물론 유아 때부터 쌓인 영어학습의 내용이 실제로 그런 결과를 가져왔을 수도 있다. 하지만 일찍 시작했기 때문에 남들보다 잘한다는 것은 오류일 수 있다고 생각한다.

예를 들면, 영어 학원을 4년차 다니고 있는 아이들, 5년차 다니고 있는 아이들, 6년차 다니고 있는 아이들이 있다고 하자. 아이들이 중학교에 갈 무렵에는 당연히 연차에 따라 영어 실력이 달라진다. 여기서 중요한 것은 이 아이들의 수학 실력이나 운동 능력도 영어를 다닌 년수에 비례해 아이들이 더 잘하는 경우가 많다는 것이다.

그렇다고 해서 '영어를 6년 동안 공부하면 공부를 잘하게 된다'는 것은 과연 옳을까? 이는 주변 환경, 즉 자녀 교육에 대한 엄마들의 자세가 답이다. 그만큼 교육을 먼저 시작하고 오래 다녔다는 것은 교육에 적극적이라고 볼 수 있다. 교육에 열정이 있는 부모의 태도이다. 당연히 영어뿐 아니라 수학, 논술, 운동, 악기 교육에 있어서도 그만큼 열정적일 수밖에 없을 것이다.

영어, 과연 부모의 마음가짐에 달려 있을까? 대다수가 아니라고 답할 수도 있다. 누군가는 부모들의 마음가짐이 아닌 아이의 타고난 능력일 뿐이라고 말할 수도 있다. 또는 아이의 노력 여부를 논할 것이다. 왜냐하면 공부는 아이가 스스로 하는 것이라고 여기기 때문이다. 영어를 배우는 데 영향을 미치는 요소들은 수없이 많다. 그것들 중 '심리적 거리감'이 있다. 부모가 영어에 심리적 거리감이 있으면 어린아이도 부모의 가치관에 따라 영향을 받는다. 아이들은 은연 중에 부모가 가지고 있는 영어에 대한 태도를 무의식적으로 물려받게 된다.

영어는 말이다. 말은 의사소통 수단이다. 영어를 쓰는 사람과 이야기를 하려면 영어를 배워야 한다. 영어 사용 국가 중에 역사적으로 다양하고 풍요로운 문화를 가진 나라들이 많이 있었다. 그들이 만들어낸 정보의 양도 많았다. 그래서 우리는 그 정보를 읽거나 듣기 위해 영어를 배운다. 영어는 딱 여기까지다. 너무 대단하다고 여기거나 별 것 아니라며 우습게 볼 필요도 없는 것 같다.

# PART 2

# 내 아이에게 맞는 방법을 선택하라

01

# 아이가 좋아하는 책과 영화는 어떤 것일까?

새 학기가 되면 각 학교마다 학부모 모임이 있다. 거기에서 가장 관심 있는 이슈는 아이들의 영어공부이다. 어떤 학원을 다니고 있는지 모임에서 서로 물어보며 정보를 얻는다.

"소라는 어느 영어학원에 다녀? 거기 어때? 어떤 스타일로 가르쳐?"

우리나라는 외국어로서 영어를 배우는 상황에 있다. 그래서 영어책과 영화는 우리 아이들에게 영어환경을 만들어주는 참으로 고마운 선생님이다.

나는 학원의 선택보다는 아이가 어떤 스타일로 공부해야 할지를 먼저 고려해야 한다고 생각한다. 아이가 좋아하는 책은 무엇이고 어떤 스타일의 영화를 좋아할지 관찰하는 게 먼저다. 이것이 학습자의 입장을 고려한 영어공부의 가장 중요한 포인트다.

아이가 좋아하는 책은 어떻게 알 수 있을까? 아이의 시선이 오래도록 머무르는 책이다. 그래서 엄마는 아이를 유심히 관찰해야 한다. 아이들은 생김새만큼이나 학습하는 스타일이 다르고 좋아하는 책의 종류도 다르다. 어떤 아이는 춤추고 노래하는 것을 좋아하는 반면, 어떤 아이는 조용히 앉아 책을 읽거나 관찰하는 것을 좋아한다. 100명의 아이가 있다면 100가지 다른 방법으로 영어학습에 접근해야 한다.

아이는 대체로 주인공을 자신과 동일시하는 경향이 있다. 그렇기 때문에 자기와 같은 성별의 주인공이 등장하는 책을 선호한다. 여자아이는 공주가 나오는 책을 좋아하고, 남자아이는 탐정이나 로봇 혹은 동물이 주인공으로 등장하는 책을 좋아한다. 아이마다 좋아하는 캐릭터가 따로 있다.

정민이는 7살이다. 나는 정민이에게 『옥스퍼드 리딩 트리』에 나오는 시리즈 동화를 읽어준다. 자신이 좋아하는 스타일의 책을 읽어줄 때에는 한순간도 눈을 떼지 않고 책에 집중한다. 알파벳조차 모르고 영어에 관심이 없던 아이는 자신의 나이와 비슷한 주인공들의 모험 이야기에 빠져 든다. 또한 승호는 자기가 좋아하는 귀여운 강아지가 주인공으로 나오는 '비스킷' 시리즈를 읽어주었더니 점점 책에 관심을 보이고 바로 스스로 책을 읽기 시작했다. 축구를 좋아하는 민혁이에게 '프로기' 시리즈 가운데 하나인 『Froggy plays Soccer』를 읽어준다. 아이는 자신과 주인공 프로기를 동일시하며 몰입을 한다. 민혁이 엄마는 영어를 대하는 아이의 태도가 이전과는 완전히 다르다며 신기해하고 놀라워했다.

우리 아이가 어떤 책에 시선을 오래 두는지 도무지 모르겠다는 엄마를 만난 적이 있다. 그래서 나는 조언을 해드렸다. 서점이나 도서관에 데리고 가서 아이가 직접 읽고 싶은 책을 고르게 하는 것이 좋다. 엄마의 강요 없이 아이가 읽고 싶은 책만 골라 오게 한다. 그러다 보면 아이가 어느 분야에 관심이 있는지 정확히 파악할 수 있다. 그리고 아이가 평소 어떤 주제에 흥미를 느끼는지 주의 깊게 관찰해야 한다. 그렇게 함으로써 자동차나 로봇 쪽에 관심이 많은 아이는 기계 쪽으로, 동물이나 인체에 관심이 많은 아이는 자연과학이나 의학 쪽으로, 역사나 위인전에 관심이 많은 아이는 정치나 사회과학 쪽으로 관심사를 점차 확대해가도록 도와줄 수 있다.

책을 많이 읽으려면 아이의 수준에 맞아야 한다. 또한 우리 아이에게 흥미를 주는 주제여야 한다. 그리고 무엇보다 재미있어야 한다. 그래야만 책 읽기에 몰입할 수 있다. 재미가 없으면 효과를 얻을 수 없다. 싫은 것을 억지로 하거나, 엄마 눈치나, 시험 때문에 어쩔 수 없이 하면, 아이는 점점 영어에 반감을 갖게 된다. 그리고 자신감과 성취감이 떨어져서 제대로 실력을 향상할 수 없다.

영어책을 읽는 것에 관심이 없는 아이를 만난 적이 있다. 집에서 책 읽기 습관이 잡히지 않은 아이들은 영어책 역시 읽는 것을 힘들어 한다. 이런 아이에게는 교사의 역할이 아주 중요한 것 같다. 비교적 쉽고 재미있는 책을 골라야 한다. 그 후 바로 읽히는 것보다 이야기를 주고받으며 신뢰감을 형성한다. 그리고 아이의 호기심을 자극하면서 조금씩 책 읽기가 재미있다는 것을 보여주어야 한다. 그러면 아이는 교사의 반응에 즐거워하며 상호작용을 하게 된다. 영어 그림책으로 시도하는 것이 좋다. 나는 적어도 반 정도는 이해가 가고 사전 없이도 대충 내용을 추측할 수 있는 책을 고른다. 그리고 아이의 얼굴을 살핀다.

영어책 읽기가 익숙하지 않은 아이에게 가장 중요한 것은 많이 읽는 것이 아닌 자주 읽는 것이다. 예를 들어, 하루 동안 1시간 영어책을 읽히는 것보다는 30분 이내로 매일 영어를 접하는 것이 훨씬 효과적이다. 이렇게 매일, 부담 없는 분량을 읽으면 영어책 읽기 실력이 향상된다. 그리고 영어 읽기에 거부감을 가지지 않게 되기 때문에 꾸준히 할 수 있어 더욱 좋다. 우리 아이의 영어 실력을 향상시키는 지름길은 호기심을 자극하고 꾸준히 조금씩 학습량을 늘리는 것임을 기억해야 한다.

부모님들이 실수하는 것이 있다. 그건 아이에게 어려운 책 읽기를 강요하는 것이다. 그동안 교육을 하면서 "영어는 역시 재미없어."라고 말하며 하기 싫어하는 아이를 만난 적이 있다. 영어 실력은 하루아침에 느는 것이 아니고 점차적으로 좋아지기 때문에 급한 마음에 어려운 책을 읽히는 것은 위험하다. 영어공부는 100미터 경주가 아니라 마라톤이다. 일단 쉽고 재미있는 책을 골라서 읽는다. 그 책을 다 마스터하면 조금 더 어려운 책을 읽고 그 다음엔 더욱 어려운 책에 도전하는 것이 바람직하다. 만약에 우리 아이가 지금 흥미를 잃을 정도로 어려운 책을 읽고 있다면 바로 멈추어야 한다. 어려운 책인지 아닌지는 아이의 얼굴을 보면 알 수 있다. 이야기에 집중을 하고 있는지 아닌지가 바로 보일 것이다.

영어 환경을 만들어주는 두 번째 고마운 도구는 영화를 활용한 영어학습이다. 우리 아이는 어떤 스타일의 영화를 좋아할까?

정수와 근형이는 영어 동영상 보기를 좋아한다. 나는 아이들을 만나기 전 8살 아이들이 좋아할 만한 영상을 준비해둔다. 그리고 아이들이 오면 누가 먼저 볼지 가위바위보를 해서 정한다. 이긴 아이는 영상을 먼저 볼지 선생님과 책 읽기를 먼저 할지 정한다. 가위바위보에 항상 이기는 근형이는 영어 영상 보기를 더 좋아한다. 근형이가 먼저 영상을 보고 정수는 책을 읽는다. 40분 후 정수는 영상을 보고 근형이는 나와 책을 읽는다. 영상을 볼 때 나는 아이들에게 묻는다.

"오늘은 〈Milly Molly〉 볼까? 〈Rocket girl〉 볼까?"

정수는 모험을 즐기는 이야기를 좋아한다. 그리고 근형이는 다정다감한 이야기를 좋아한다. 어떤 영상을 좋아하느냐에 따라 아이들의 성격을 알 수 있다. 충분히 아이들의 의견을 고려하여 영화 영상을 보면 확실히 집중도는 거의 100%다. 영어 영상을 다 보고 난 후 아이들과 이야기를 나눈다. 무슨 이야기였는지, 어느 부분이 재미있었는지 아이들은 앞다투어 말한다.

아이들이 좋아하는 캐릭터와 스토리는 따로 있다. 그래서 아이들의 의견을 물어보는 것은 필수이다. 흥미와 성격을 고려하여 아이들에게 영어 환경을 제공해주는 것이 집중과 몰입으로 가는 지름길이다.

뉴턴, 아인슈타인, 에디슨과 같은 과학자들, 워런 버핏과 같은 투자자들, 빌 게이츠와 같은 세계적인 CEO들……. 이들처럼 각자의 분야에서 비범한 업적을 이룬 사람들에게는 공통점이 있다. 그들은 고도의 집중된 상태에서 관심 분야를 생각한다. 즉, '몰입'적 사고를 한다. 『몰입 : 인생을 바꾸는 자기 혁명』의 작가 황농문은 "몰입이 개인의 천재성을 일깨워주는 열쇠입니다."라고 말한다.

우리는 누구나 관심 있는 것에는 자연스럽게 집중하게 된다. 그 후 몰입으로 들어간다. 집중을 하고 몰입을 하면 이루어지는 효과는 무엇일까? 어느 심리학자의 강연이 어렴풋하게 기억난다. 그는 우리의 인생은 고도의 집중과 몰입의 연속이라고 말한다. 의식을 갖고 집중을 하면 무의식 상태인 몰입으로 간다. 몰입이 되려면 집중을 해야 한다. 그리고 집중을 하려면 재미가 있어야 한다. 우리 아이들의 영어공부의 관점에서 생각해보자. 아이들에게 영어가 단순히 해야 하는 공부라서 하는 것과 재미를 느끼면서 하는 것은 집중과 몰입도가 확연히 다르다. 영어에 흥미를 갖고 자연스럽게 접근하기 위해서는 아이가 좋아하는 책과 영화를 찾아주어야 한다.

02

# 아이의 성향과 기질을 관찰하고 시작하라

EBS TV 다큐멘터리 〈좋은 성격, 나쁜 성격〉은 아이의 기질과 성향 속에서 재능을 발견할 수 있다는 내용을 과학적으로 밝혀내고 효율적인 해결책까지 제시했다. 우리는 일반적으로 좋은 성격이라고 불리는 틀에 아이를 끼워 맞춘다. 하지만 여기에서는 부모들이 '맞춤 교육법으로 아이의 입장에서 바라보아야 한다'고 주장한다. 맞춤 교육이란 우리 아이의 성향과 기질을 먼저 파악하는 것이고, 그것들을 보면 아이가 어떤 재능이 있는지도 보인다고 말한다.

2학년인 민지는 발표하기를 좋아하고 놀기를 좋아한다. 민지 엄마는 이런 민지를 엄마표 영어로 영어책 읽기를 하다가 실패하고 마음을 다시 먹었다. 아이가 자신의 끼를 펼칠 수 있는 영어공부를 했으면 좋겠다고 했다. 나는 민지엄마의 의견에 100% 공감했다. 가만히 앉아서 책을 읽는 것은 민지와 맞지 않다고 조언해주었다. 그래서 영어책을 읽고 퀴즈를 풀고 팀 수업을 하는 교육기관을 소개해주었다. 또래 아이들과 같이 영어책을 읽고 A팀과 B팀으로 나누어서 퀴즈 정답을 맞히는 것이다. 그러면서 학습량이 쌓이면 읽기 레벨도 올라간다. 활동성이 강한 아이들은 민지처럼 말을 하고 행동하면서 에너지를 얻는다. 에너지가 좋아지면 공부를 잘하게 된다. 그리고 결국 자신이 영어를 잘한다고 생각한다. 아이 스스로 영어를 잘한다고 생각하면 가속도가 더해진다. 아이는 앉아서 영어책을 읽는 것보다 훨씬 좋은 효과를 얻을 수 있다.

현율이는 3학년이다. 차분하고 말수가 적은 아이이다. 현율이는 가만히 앉아서 책 읽기를 좋아한다. 기분이 좋지 않을 때 엄마에게 짜증을 내지도 않는다. 그냥 혼자 잠을 자고 일어난다. 그 후 다시 혼자서 레고를 만지며 논다. 학교에 가면 친한 친구가 많지는 않지만 그래도 사이좋게 지내는 친구들이 있다. 그리고 아이들에게 인기도 있다. 게다가 현율이는 전형적인 내성적인 성격이지만 학급회장도 놓치지 않는다.

영어학습에서도 영어 동영상을 보거나 책을 읽는 것을 지루해하지 않는다. 그래서 현율이 엄마는 수월하게 영어를 책 읽기로 시킬 수 있었다고 말한다. 엄마가 제안하는 대로 영어 로드맵을 따라 고생 없이 잘 해나갔다. 현율이와 같은 성향의 아이들은 영어 독서가 잘 맞는다.

민지와 현율이 엄마는 우리 아이의 성향과 기질을 정확히 파악하고 있다. 제 아무리 좋은 영어학습법이라도 우리 아이에게 맞지 않으면 무용지물이다. 엄마표 영어든 학원들의 다양한 프로그램이든 우리 아이에게 잘 맞는 학습을 선택해야 함을 다시 한 번 느낀다.

또한 독서의 중요성은 누구나 알고 있다. 독서는 사고를 확장하는 최고의 학습이다. 하지만 시작은 아이의 성향을 파악해서 정적인 독서를 할지 동적인 독서로 이끌어갈지 정확히 파악하고 시작하는 것은 현명한 처방이다.

민혁이는 7살이다. 민혁이 엄마의 말에 의하면 아이는 가만히 있지를 못하고 계속 움직였다고 한다. 팔다리를 쉴 새 없이 움직이며 집 안 여기저기를 왔다 갔다 하기를 반복하는 것은 기본이다. 어떨 때는 아이의 산만함에 더해 감정 조절이 안 돼서 민혁이 엄마는 저녁이면 녹초가 되어 몸을 가누지 못할 정도였다고 한다. 그래서 가끔은 TV를 틀어주고 쉬곤 했다. 어느 날, 민혁이 아빠와 상의 후 지인의 소개로 발달 과정을 체크했다. 그런데 결과는 놀라웠다. 민혁이는 영재반에서 학습을 하도록 권장을 받았다고 한다. 민혁이 엄마는 산만함과 예민한 성격이 재능이 될 수 있다는 것을 알고 아이를 주의 깊게 관찰했다. 그리고 책을 읽히고 다양한 경험을 시키면서 아이의 영재성을 키워주었다.

만약 민혁이 엄마가 전문가를 찾아가지 않았으면 어땠을까? 보통 엄마들은 전문가를 찾아가기보다는 인터넷에서 고민을 해결하든가 아님 지인에게 전화를 걸어서 알아본다. 사실 당장의 기분은 나아질지 모르나 정확한 해결책은 아니라고 생각한다.

소연이는 유치원 다닐 때부터 수줍음이 많았다. 그래서 친구들 앞에서 말하는 것을 꺼려하고 발표하는 것을 좋아하지 않았다. 대신 친한 친구 한두 명과는 잘 놀았다. 그 후 초등학생이 되었다. 소연이는 아이를 잘 관찰하고 아이의 마음을 잘 알아주는 담임 선생님을 만났다. 선생님의 도움으로 소연이는 성격이 활발해졌다. 학기 초 부모 상담 때 엄마는 고민을 선생님께 알렸다. 아이가 수줍음이 심하고 소심하다는 것을 말이다. 그 후 선생님은 소연이의 장점을 찾아내서 미소를 지어주셨다. 그리고 칭찬을 아끼지 않으시고 용기를 불어넣어주셨다.

이제 소연이는 발표도 잘하고 친구들에게 스스럼없이 다가간다. 영어공부도 집에서 하고 있는데 영화도 즐겨보고 영어책 읽기도 좋아한다. 소연이는 학교에서 주최한 '꿈 끼' 자랑에도 참여했다. 영어로 스토리텔링을 하는 모습을 동영상으로 찍어서 메일로 보냈다. 유치원 시절의 내성적인 성격은 찾아볼 수 없었다. 소연이는 내성적인 성격과 외향적인 성격 모두를 가지고 있는 기질이었던 것 같다. 본인이 가지고 있는 기질은 당장 나타나는 것도 있지만 커가면서 변하기도 한다. 또는 잠재된 것들이 밖으로 나오기도 한다.

학교에서는 선생님, 집에서는 엄마가 우리 아이와 가장 많은 시간을 보낸다. 아이의 숨은 재능을 관심을 갖고 찾아주고 칭찬해주면 모든 아이들은 소연이처럼 긍정적인 방향으로 성장한다.

6학년인 성찬이는 아이들 사이에서 인기가 많다. 항상 밝게 웃고 다니기 때문이다. 지적 호기심이 있어서인지 궁금한 것은 책을 통해서 해결한다. 운동하는 것은 좋아하지 않는다. 친구들과 축구를 하고 싶지만 친구들이 껴주지 않아서 도서관에서 보내는 시간이 많다. 도서관에서 과학책을 즐겨 읽고 가끔 영어책도 빌려온다. 집에서는 온라인 동영상 프로그램이 요일마다 새로 업데이트가 되어 호기심을 가지고 하루하루 본다.

성찬이는 영어책 읽는 것을 좋아하지도 않고 싫어하지도 않는다. 규칙적으로 보지도 않는다. 엄마가 시키면 "왜 엄마가 보라는 것을 봐야 해요?"라도 되묻고 자신이 읽고 싶은 것 위주로 독서를 한다. 성찬이 엄마는 아이가 자주 보는 영어책들을 잘 찾을 수 있게 바구니에 놔둔다. 또한 성찬이가 읽어봤으면 하는 책들은 또 다른 바구니에 넣어 성찬이가 자주 가는 장소에 잘 보이는 곳에 배치시킨다. 그럼 아이는 지나가다가 호기심이 작동해 빼서 읽게 되기 때문이다.

성찬이를 보면 밝은 성격의 소유자고, 호기심이 많고, 운동보다는 책을 즐겨 읽는다. 활발한 것 같지만 정적이다. 호기심이 많은 아이들은 영어학습에 있어서 매일매일 연재되는 것이 안성맞춤인 것 같다. 우리 어른들도 TV 드라마를 볼 때 다음 이야기가 궁금하다. 그리고 결정적일 때 드라마는 끝난다. 그러면 다음 날에 또 보게 된다. 성찬이 엄마는 아이의 성향을 잘 알고 있고 성향에 맞게 책을 하나의 장치로 배치를 한다. 아이는 자신의 입맛을 잘 알고 있다. 그런데 누군가가 강요하면 거부감이 올라오는 성격이다. 그래서 엄마는 이래라 저래라 하는 대신 스스로 찾아서 보는 훈련을 잘 시키신 것 같다.

우리 아이의 성향과 타고난 기질에 대해 얼마나 알고 있는가? 아이들은 생김새가 모두 다르다. 또한 성격도 제각기 다르다. 우리 아이들이 타고난 성격과 기질이 다르듯 아이의 학습 성향도 다르다는 것을 인정해야 한다. 그래야 아이의 숨은 학습능력을 찾아줄 수 있다. 이것이 우리 아이를 위한 가장 멋진 선택이다. 영어를 공부하기 전에 성향과 기질을 모른다면 제대로 교육이 이루어질 수가 없다. 빠르게 갈 수 있는 길을 돌고 돌아가는 것과 같다. 활발한 아이가 가만히 앉아서 영어책을 읽는 모습을 떠올려 보라. 차분한 아이에게 영어 퀴즈를 맞추고 발표를 수시로 시킨다면 아이의 마음은 어떨까?

03

# 아이가 흥미 있는 영어를 해야 하는 이유

아이들이 흥미 있는 영어를 꼭 해야 할까? '공부는 정석대로 빡세게 해야 한다. 그래야 원하는 대학에 갈 수 있다.'라고 지인이 말한다. 그러나 이런 방법은 초등학생에게는 맞지 않다고 생각한다. 초등 아이들은 목적의식이 아직 부족하다. 그래서 재미가 있어야 한다. 재미있게 하다 보면 성과는 어느새 따라오게 된다. 정석대로 하는 방법은 중학생 이상이나 고등학생에게는 어느 정도 맞을 수 있다.

영어공부를 너무 이른 시기에 시작하거나 어른들의 지시대로 했던 아이는 학년이 올라감에 따라 흥미가 줄어든다. 재미를 통한 자발성이 결여된다면 점차 학습에 대한 반감이 쌓인다. 모든 아이들이 처음엔 책도 다른 장난감과 구분하지 않았다. 어느 순간부터 책은 재미없는 것이 되었다. 책으로 하는 활동인 공부는 싫은 것이 되었다. 재미없음의 출발은 어디일까?

1학년인 정효는 책 읽기가 재미있지 않다. 그래서 책을 읽을 때면 꾸벅꾸벅 머리가 땅으로 들어갈 정도다. 아이가 자신이 보고 싶어서 보지 않는 한, 1시간 책 읽기를 시키는 것은 무리이다. 그래서 정효는 20분 음원을 들으며 책 읽기를 한다. 그 후 20분은 말하기와 쓰기를 놀이로 수업을 한다. 나머지 20분은 아이가 좋아하는 동영상을 본다. 많은 책 읽기를 너무 강요한 탓에 아이는 영어를 쉬게 되었고 다시 영어공부를 시작했다. 영어를 20분씩 변화를 주면서 하니 아이의 얼굴 표정은 밝아졌다.

정효의 경우를 보면 재미없음의 출발점은 아이의 호기심보다 부모의 기대가 앞섰던 것 같다. 아이들은 너무 어려서 이때는 하기 싫다는 표현을 하지 않는다. 부모는 아이가 잘하고 있다고 착각할 수 있다. 마음의 변화가 밖으로 드러나는 것은 시간이 걸린다. 그래서 영어를 성공으로 이끌려면 아이의 변화를 먼저 알아주어야 한다. 아이의 마음이 거부감으로 변하면 바로 재미로 이끌어야 한다. 하지만 매번 웃겨줄 수는 없다. 그래서 영어공부에 재미를 지속시켜주기 위해서 '변화'가 중요하다. 영어를 원칙을 가지고 하는 것은 좋지만 아이를 관찰하고 조금씩 변화를 주는 것이다. 약간의 변화들을 추가하면 아이들은 재미를 느낀다. 새로운 관심거리가 눈앞에 펼쳐지면 아이들은 빠져든다. 그리고 재미있다고 느낀다.

소윤이는 학원에서 영어공부를 한다. 친구들과 함께 공부하는 것을 좋아한다. 또 발표하는 것을 좋아하고 대표로 나서는 것을 즐긴다. 나는 소윤이에게 물었다.

"소윤이에게 영어란 무엇이니?"
"영어는 계단이죠."

소윤이는 잠시도 주저하지 않고 말한다. 이유를 물으니 한 칸씩 밟으면 올라간다는 느낌이 없는데 막상 뒤를 보면 많이 올라와 있다고 말한다. 소윤이 엄마에게 나는 똑같은 질문을 했다.

"영어란 젓가락이라고 생각해요. 꼭 필요하지만 없으면 포크로도 대체가 가능하죠."

미소를 지으면서 말한다. 아이와 엄마의 말 속에서 '이 두 사람이 바라보는 영어학습은 즐거움과 여유로움이구나.'라고 느껴졌다. 진정한 여유로움은 많은 것을 해내고 그 후에 자유를 누릴 수 있다. 그것은 몸과 마음에 힘을 주지 않고 즐기는 것이다. 힘을 빼고 '할 수 있다'는 긍정으로 하루하루를 행하는 것이다. 또한 노력의 끝을 긍정적으로 바라보는 것이 중요하다.

엄마표 영어를 하고 있는 1학년 준영이는 30분은 reading을 하고, 다음 30분은 speaking을 한다. reading은 책상에서 하고, speaking은 거울 앞에서 한다. 이렇게 학습 스타일에 변화를 주면 아이는 지루함을 덜 느낀다. 시간의 변화로 덜 지루하다. 장소마다 학습 방법이 달라지면서, 학습 내용과 장소가 연결이 된다. 이것은 아이의 학습 영역을 자연스럽게 구분해준다. 다행히도 아이에게는 지루하지 않은 것이 '재미'로 이어진다.

아이에게 시간은 천천히 간다. 1시간은 길다. 아이에게 흥미를 잃지 않게 하기 위해서는 공부의 내용의 변화가 필요하다. 다른 하나는 공간의 변화라고 할 수 있다. 이 두 가지가 지속된 영어학습은 장기 학습이 되고 장기 학습은 실력 향상으로 이어진다.

정혜 엄마는 직장에 다닌다. 그래서 주말에 아이와 영어학습을 한다. 먼저 단어 학습으로 5번 반복해서 듣고 문제를 푼다. 그 후 오디오북을 3번 듣고 3번 따라 읽는다. 영어 동영상은 자막 없이 한 번 보고 자막을 켜서 한 번 더 본다. 이렇게 학습을 하면 2시간이 넘는다. 3학년 때까지 아이는 엄마가 하라는 대로 잘 따라왔다. 하지만 4학년이 되니 아이는 가수들에게 관심을 빼앗겼고 친구들과 함께 하고픈 마음이 더 들었다.

정혜 엄마는 나와 대화를 한 후에 아이의 계획을 바꾸었다. 일단 사춘기 아이의 현재 호르몬 변화에 공감을 해주는 것이 먼저였다. 그리고 똑같은 단어를 5번 외워야 하고, 똑같은 책을 3번 읽어야 하고 같은 영상을 반복해서 보는 것을 멈췄다. 아이가 그동안 이렇게 영어를 학습했던 것은 엄마가 시켜서 억지로 해왔던 것이다. 그러니 당연히 영어에 흥미가 사라졌다. 정혜와 대화를 한 후 친구들과 함께 다닐 수 있는 학원을 선택했다. 학원을 선택할 때에도 정혜가 좋아하는 독서를 기반으로 글쓰기 등 다양한 활동이 있는 곳을 고려했다.

타고난 언어 적성도 뛰어넘을 수 있는 '학습 동기'란 무엇일까? '영어를 처음 배우는 아이들이 부모나 선생님에게 칭찬을 받기 위해 잘하고 싶은 마음', 이것은 외적 동기다. 유아기에 영어를 시작하면 외적 동기가 강하다. 하지만 차츰 학년이 올라가고 영어공부가 일상적인 것이 된다. 그러면 외부적인 동기만으로 이끌어가기가 힘들다. 내적 동기란 결국 영어공부의 '재미'이다.

어떻게 해야 영어공부가 재미있을까? 기본적으로 아이들은 자신의 학습 스타일에 맞는 것을 찾아줄 때 재미를 느낀다. 성격에 따라 단기적인 보상이 효과적인 아이들이 있다. 그리고 장기적인 보상이 효과적인 아이들도 있다. 학원에서 여럿이 어울리며 배우는 게 재미있는 아이, 선생님이나 엄마와 단둘이 배우는 것을 좋아하는 아이들도 있다. 단어 시험에서 100점 받을 때마다 스티커 한 장씩 주면 열심히 하는 아이들이 있다. 이런 차이는 아이마다 다르며 이것을 찾아줄 수 있는 건 가장 가까이에서 관찰하는 엄마 또는 선생님이다.

언뜻 보면 공부의 '재미'란 스스로 깨우치는 것 같지만 이 역시 훈련인 것 같다. 영어공부를 시작하는 처음부터 아이를 관찰하고 흥미를 이어주는 것은 어른의 몫이다. 공부의 필요성을 느끼지 못해 힘들 때 함께 문제 해결을 하는 것 모두가 훈련 과정이 된다. 초기에 이런 훈련이 잘되면 나중에는 자신도 모르는 사이에 스스로 극복하며 나름의 재미를 찾아간다. 훈련의 가장 기본은 모든 과정을 아이와 엄마가 함께 하는 것이다.

그럼 왜 아이가 흥미 있는 영어를 해야 할까? 아이들은 자신이 관심 있는 분야를 학습할 때 몰입을 한다. 몰입을 했을 때 학습의 성과가 눈에 보인다. 하물며 외국어인 영어는 더욱 재미로 다가가야 한다. 재미가 없으면 아이의 몸은 느려진다. 재미가 있으면 스스로 학습인 자기주도적 학습으로 진입하기가 빠르다. 재미가 아닌 성과에 집착하면 아이는 과부화가 걸려 포기하기도 하다. 재미로 한 발짝 나아갈 때 성과는 반 발짝 나아가야 한다.

어릴 적에는 부모를 비롯한 어른들이 지시하는 대로 아이들은 따른다. 그런데 이 따르는 중에 재미를 통한 자발성을 키워주지 않으면 점차 학습에 대한 반감을 쌓아간다. 재미있음의 출발은 어디일까? 그 출발점은 부모의 앞선 기대가 아니라 아이의 호기심이다. 호기심이 우선 되지 않으면 일정시 간이 지나서 거부감으로 다가온다. 이것이 아이가 흥미 있는 영어를 해야 하는 이유이다.

04

# 아이의 자존감에 영어의 열쇠가 있다

"엄마, 나 좀 안아줘. 이유 없이 자꾸 가슴이 답답하고 울고 싶어."

며칠 전 힘들어하는 딸아이를 안아주었다. 그랬더니 아이는 한참을 울었다. 나는 아이를 위로했다. 등을 토닥토닥 만져주었다.

"엄마도 소연이 나이 때 그랬어. 기분은 좀 어때? 괜찮아? 힘든 것 있으면 언제든지 말해줘."

아이는 “엄마도 그냥 속상하고 울고 싶었던 적이 있어?”라고 말하며 금방 감정을 추스르고 안정을 찾았다. 소연이는 그런 감정이 자신에게만 일어나는 것이 아니라 다른 사람들도 느낀다는 점에 안도감을 느끼는 것 같았다. 휴~ 다행이다.

소연이는 이제 11살이다. 올해 초부터 작은 일에도 자주 짜증을 낸다. 그리고 쉽게 마음 상해한다. 몸과 마음에서 여러 변화들이 동시에 일어나고 있음을 느낄 수 있다. 자신의 ‘혼란스런 기분에 얼마나 힘들까’를 생각하니 안쓰러웠다. 또 다른 변화는 가수 ‘마마무’ 춤을 추는 것에 심취되어 있다. 그리고 ‘여자아이들’이란 가수의 노래를 하루 종일 부른다. 이젠 가족보다 친구들과 함께하는 것을 더 사랑하고, 좋아하는 가수의 노래에 빠져서 산다. 또한 소연이의 방에 있던 귀여운 인형들은 이제는 유치하다. 인형들과 그동안 모았던 스티커와 책들은 베란다로 빠져 있다. 밤새 무언가를 옮기는 소리가 났었는데 귀한 보석처럼 애지중지하며 잘 놀던 인형, 스티커, 책들은 이젠 소연이 리스트에서 제외되었다. 말로만 듣던 사춘기를 겪고 있는 아이를 보며 나의 마음도 만감이 교차한다.

요즘 딸아이의 기분 변화에 난감할 때가 있다. 사춘기의 자연스러운 변화를 보며 아이를 지켜보고 도와주고 있다. 그런데 이 시기에 엄마로서 걱정되는 것은 아이의 자존감이 내려갈 때이다. 자신의 외모를 싫어하는 모습, 다른 친구들과 자신을 비교하는 모습을 보고 있노라면 걱정이 된다.

사실 나는 고통스러운 기억이 있다. 아이가 초등학교에 입학 전까지 긍정적 감정에는 반응을 했지만 부정적 감정을 어루만져주지 못했다. 감정의 입장에선 그냥 느끼는 것인데 부정적 감정을 무시해버리거나 긍정으로 바꿔야 함을 아이에게 강요했던 적이 있다. 그냥 그 감정을 알아주면 사라진다는 것을 나중에 알고 아이에게 너무 미안했다. 감정을 무시당한 아이는 혼란에 빠진다고 한다. 마음이 아프지만 소연이가 초등학교 입학하기 전의 모습을 영화를 보듯이 떠올려본다.

'어? 이상하다. 내가 이렇게 힘든데 왜 아무도 나를 봐주지 않지?'
'내가 이렇게 힘든데 어째서 엄마가 나를 도와주지 않는 거야?'
'엄마! 나 정말 힘들어요. 왜 날 안 보는 거예요?'

소연이가 자신의 마음을 알아달라며 더 크게 울거나 발을 구르는 등 떼를 썼던 적이 있었다. 그런데 나는 그런 아이의 마음을 몰라주고 아이의 행동을 야단친 적도 있었다. "시끄러워! 그만 울지 못해!", "밤에 큰 소리로 우는 것은 피해를 주는 거야."라고 말하며 아이의 감정을 우선하지 못했다.

우리는 행동을 바로잡아주는 것이 목적이지만 감정을 이해받지 못한 아이가 느끼는 충격은 크다고 한다. 그런 감정이 누구에게나 생길 수 있는 것이 아니라 '자신이 나빠서' 또는 '자신이 이상해서 잘못된 감정을 느꼈다.'라고 생각한다는 말을 듣고 나는 아이에게 너무도 죄책감이 들고 미안해서 많이 울었다.

부모가 아이의 감정을 알아주는 것은 무엇보다도 중요하다. 성숙의 단계로 향하는 아이의 감정을 부모가 거울이 되어서 비춰줘야 한다. 자신이 나쁘거나 이상한 것이 아니라 아주 괜찮은 아이라는 것을 인식시켜야 한다. 마음이 단단한 아이는 행복하다. 자존감이 낮고 자신에 대한 신념이 부족한 아이는 행복을 움켜쥘 수 없다. 오히려 자신에게 오는 행복도 놓친다. 아이가 행복하길 바란다면 아이의 감정에 공감해주고 마음이 단단한 아이가 되도록 자존감을 길러주어야 한다.

인기 강사 김미경은 아이의 자존감은 엄마에게 달려 있다고 말한다. 아이의 자존감을 키워주는 양분은 부모만이 줄 수 있고, 부모에게서 인정받지 못하고 사랑받지 못한 상처는 삶 자체를 무기력하게 만든다고 표현한다. 자신을 지키는 힘이 없으면 사소한 일에도 흔들리고, 하고 싶은 일이 생겨도 도전하지 못한다고 말한다.

남인숙 작가는 『서른에 꽃피다』에서 "자신감은 내가 무언가를 잘할 수 있다고 생각하는 것이고, 자존감은 내가 무언가를 잘하지 못해도 나 자신을 사랑할 수 있는 마음이다."라고 말한다.

자신감과 자존감에 대해 명확히 잘 몰랐을 때가 있었다. 어릴 적부터 힘들 때마다 불굴의 의지로 자신감을 가지고 버티는 것이 습관이 되어 있었다. 그래야 칭찬을 받을 수 있고 인정받을 수 있었기 때문이다. 힘든 상황에서 '나는 할 수 있어'를 마음속으로 외치며 살아왔다. 그래서 나는 나에 대해 긍정적이라고 믿어왔다. 하지만 정신력으로 버티다 보니 나의 마음이 원하는 것이 무엇인지를 몰랐다. '내가 무엇을 좋아하는지도 모르는데 어떻게 나를 사랑할 수 있지?'라고 생각하며 나를 찾는 여행을 한 적이 있다. 마음 공부에 관한 책을 읽고 깨달았다. 나의 존재 자체가 특별하고 고유하고 사랑 그 자체라는 것을 말이다.

나는 맥스 루카도의 『너는 특별하단다』라는 책을 너무 좋아한다. 이야기 속에서 펀치넬로와 루시아라는 인물이 등장한다. 펀치넬로는 다른 사람들의 평가를 받으며 자신의 단점에 집중한다. 하지만 루시아는 다른 사람의 평가에 신경을 쓰지 않는다. 루시아의 도움으로 펀치넬로는 자신을 만든 분을 찾아간다. 그는 펀치넬로에게 말한다.

"남들이 어떻게 생각하느냐가 아니라 내가 어떻게 생각하느냐가 중요하단다. 난 네가 아주 특별하다고 생각해."

남의 말에 좌지우지 되는 않는 아이는 행복하다. 자신이 이 세상의 주인공이기 때문이다. 행복한 아이는 무엇이든지 잘하는 아이가 아니라 긍정적인 자세로 자신을 바라볼 수 있는 아이이다. 행복하고 긍정적인 아이는 마음이 단단하고 자신에 대한 믿음이 있다. 그래서 학습에 있어서도 스스로 할 수 있다는 믿음을 잃지 않는다.

수민이는 국제 영어유치원을 다녔다. 놀이 위주로 공부할 때는 재미있어 했지만 7살이 되자 영어공부가 어려워졌다. 아이는 글을 읽는 것에 관심이 없었다. 그러나 교육 과정에 맞춰서 영어책을 읽고 써야 하는 것이 무리였다. 아이에게 영어는 '내가 잘 못하는 것'이라는 낙인이 찍혀버렸다. 그리고는 자신이 영어를 못하는 아이라고 생각했다. 아이는 영어책 읽기를 거부하게 되었다. 엄마는 수민이의 영어공부에 대한 자존감을 회복시켜야 했다. 그래서 한동안 영어유치원을 쉬게 해주었다.

나는 수민이 엄마에게 아이가 거부감 없이 영어에 접근하도록 하는 방법을 코칭해드렸다. 아이에 맞고 쉽고 재밌는 책으로 접근하는 방법을 제안했다. 그림이 재미있는 책으로 이야기를 나누고 책을 읽어주는 방법이었다. 목표를 너무 높게 잡는 방법보다는 아이가 조금씩 재미를 느끼며 성취하게 도와주는 것이 중요하다. 한 발짝씩 내딛으면서 성취감을 느낄 때 하나하나가 모여서 큰 것을 성취하게 된다. 지금 수민이는 영어를 부담 없이 즐기고 있다. 다행이다.

아이의 자존감에 영어의 열쇠가 있다. 그러므로 평소에 우리 아이의 자존감을 높여주어야 한다. 이는 아이를 행복하게 해주는 가장 좋은 교육법이다. 아이의 행복을 위해서 사소한 일에도 충분히 공감해줘야 한다. 그리고 조금이라도 기쁜 일이 생기면 누구보다도 기뻐해주어야 한다. 또한 조금 늦거나 서툴러도 기다려주고, 아이의 생각과 방법을 존중해주어야 한다. 그래야 스스로 성공할 수 있는 기회가 많아진다.

자존감이 있는 아이는 혹시 실패를 하여 좌절을 겪어도 다시 도전할 수 있는 단단한 마음을 가질 수 있다. '나는 괜찮은 사람이야.'를 느끼는 감정, 다른 사람이 뭐라고 하건 자신을 귀하게 여기는 아이는 멋지다. 이런 멋진 아이는 영어의 열쇠를 가지고 있다.

05

# 영어를 잘하는 아이들의 비밀

나는 책 읽는 것을 좋아하지 않았다. 사실 어렵다는 고정관념이 어릴 적에 생겼다. 초등 저학년 때 읽었던 책들은 너무 쉽거나 어려웠다. 부모님께서 바쁘셨고 책에 대한 정보가 없으셨다. 어느 날 엄마 친구분의 권유로 엄마는 계몽사에서 나온 전집을 사주셨는데 아주 쉬운 명작동화였다. 저학년 때까지 그 명작동화 중 '하늘을 나는 양탄자'라는 이야기를 읽고 상상을 했던 것이 생각난다. 힘들고 무섭고 위기가 닥칠 때 양탄자를 타고 그곳을 피해가는 상상을 하면 한없이 기분이 좋았다.

두 번째 만난 전집은 '마지막 잎새'가 포함된 전집이었는데 초등학생인 나에게는 너무 어려웠다. 그때 나는 '책이란 이렇게 어렵구나' 생각했다. 그 이후로 책을 멀리했다. 만약 '하늘을 나는 양탄자'처럼 재미있는 책들이 내 주변에 많았다면 어땠을까? 아마도 문학소녀가 되어 지금의 나이보다 더 일찍 작가의 길을 가고 있었을 수도 있다.

지금 나는 책을 너무 사랑한다. 책으로 인해 내가 다시 태어났기 때문이다. 살면서 큰 난관에 부딪칠 때마다 책은 해결책을 주었다. 그래서 나에게 책은 너무도 감사한 하느님이다. 2년 전 나는 만성 질병을 앓았다. 병원에서 검사 후 교육을 받고 있었다. 그런데 지나가던 어떤 분이 주신 책을 읽고 굉장히 많이 울었다. 울고 난 다음 마음이 편해지면서 치유가 일어나는 것을 느꼈다. 그 후 나는 또 하나의 책을 만난다. 몸의 독소를 비우는 비법을 책으로 읽고 실행했다. 몸을 비우고 나니 가벼워지고 더 많이 활동할 수 있었다. 마음과 몸을 청소하고 나는 또 다른 책을 만난다. 영성에 관한 책이다. 이 책을 읽고 진정한 나의 존재를 알게 되는 계기가 되었다.

책은 다양한 관점으로 생각하도록 사고를 확장해준다. 또한 책을 읽으면 아는 것이 많아진다. 그 지식을 사용해 지혜롭게 현실에서 대처해나가도록 도움을 준다. 어떤 책은 마음을 위로해주어 정서적인 안정을 준다. 안정을 즐기다 보면 언어능력이 발달한다. 책 속에서 얻는 감동과 영감을 통해 나를 이해하고 타인에게도 너그럽고 열린 마음으로 바라보게 된다.

책 읽기의 중요성을 알고 나는 15년 전에 영어 독서 클럽을 운영했다. 아이들에게 매일 영어책을 읽혔다. 아이들은 듣고 눈으로 글씨를 보고 따라 말을 했다. 한 달 후 신기하게도 아이들은 영어를 줄줄 노래하듯이 외웠다. 4학년인 민주라는 아이가 있었다. 민주는 6개월 만에 독서 클럽에 있는 책들을 모조리 읽어버렸다.

영어책 읽기는 우리나라와 같은 외국어로 배우는 환경에서 충분한 입력을 할 수 있는 최고의 방법이다. 유창한 영어 실력을 기르려면 먼저 해야 할 것이 있다. 바로 물동이에 물을 넣듯이 많이 들으면서 읽어야 한다. 어릴 적 우리가 모국어를 배우듯이 말이다. 입력이 충분히 되면 넘치는 날이 온다. 그때 말하기와 쓰기도 잘할 수 있게 된다.

다시 강조하면 우리는 일상생활에서 영어를 접할 기회가 없다. 이런 현실에서 해법은 당연 영어책 읽기다. 재미있는 영어책을 골라 계속 읽어나가면 입력이 차고 넘쳐 다른 학습법보다 영어를 빨리 배울 수 있다.

가윤이는 3학년이다. 어릴 적부터 부모님께서 책 읽는 훈련을 잘 잡아주셨다. 좀 색다른 방법이었는데 이 아이는 잘 받아들였다. 오디오북을 활용하는 것이었다. 사실 6살이면 부모님들이 직접 읽어주는 게 정석이라고 책에서 읽은 적이 있다. 그런데 가윤이 엄마는 아이가 직접 오디오를 들으며 영어책을 읽게 도와주었다. 오디오에서 넘기는 소리가 나면 아이도 스윽 그림책을 넘기도록 훈련을 시켰다. 지금 가윤이는 독서를 즐긴다. 매일 영어책을 가지고 다니면서 틈날 때마다 본다.

이렇게 영어책 읽기는 영어를 실제로 활용할 수 있게 해준다. 의도적으로 노력하지 않으면 일상 속에서 말하기, 쓰기, 듣기를 통해서 영어를 사용할 기회가 없다. 하지만 영어책은 굳이 책상에서만 읽을 필요가 없다. 가윤이처럼 휴대하여 어디서나 즐길 수 있다. 책 읽기의 즐거움을 알고 필요한 정보도 습득하므로 꾸준히 영어를 배울 수 있다.

영어 독서 클럽을 운영했던 이유 중의 하나는 학원과는 다른 점이 있었다는 것이다. 학원은 학년 수준이 비슷한 아이들끼리 모아야 수업을 할 수 있다. 그런데 영어책 읽기는 수준에 상관없이 책 읽기 수업을 할 수 있어서 오랫동안 아이들과 즐겁게 영어 독서를 즐겼다. 처음에 아이들은 레벨 테스트를 받고 바구니에 자신의 수준에 맞는 영어책을 20개 정도 받는다. 그 후 오디오를 들으며 읽고 싶은 책을 골라서 읽었다. 읽는 속도가 느린 아이는 여유를 가지고 읽어도 된다. 더 많이 읽고 싶은 아이는 자신의 속도에 맞게 더 읽어도 된다. 이렇게 자율성이 있어서 아이들은 자신이 좋아하는 방식으로 책을 즐길 수 있다.

4학년인 찬호는 몰입도가 뛰어난 아이이다. 한 번 자리에 앉으면 책과 끝장을 낸다. 자신의 흥미에 맞는 책을 고르면 주변이 보이지 않고 2시간을 집중한다. 나는 이런 찬호에게 집에 갈 시간이라고 말했다. 다행히 찬호는 다른 학원에 다니질 않았고 자신 선택과 의지로 책을 읽어나갔다. 즐기기 위해서는 재미가 있어야 한다. 이런 점에서 영어책 읽기는 아주 감사한 방법이다. 쉬운 수준에서 높은 수준까지 다양한 내용으로 나의 흥미에 맞게 골라 읽을 수 있다. 찬호처럼 재미있는 책을 골라 스토리의 마법에 들어가면 다음에 어떤 이야기가 전개될지 궁금해진다. 그러면 더 빠져서 읽게 된다. 당연히 영어공부에 대한 압박감이나 스트레스를 걱정할 필요가 없다.

찬호는 시리즈 책을 좋아하는 아이다. 꼬리에 꼬리를 물고 다음 이야기를 궁금해 했다. 그리고는 읽었던 책을 또 읽기도 했다. 학교에서도 마찬가지로 쉬는 시간이 되면 도서관으로 달려간다. 그리고는 책을 읽는다. 영어를 유창하게 하기 위해서는 반복은 필수다. 영어책 읽기는 반복 학습에 적격이다. 충분히 반복해야 필요한 어휘와 문장 구조를 알 수 있다. 하지만 단순한 반복은 지루해진다. 영어책에 빠져 즐기다 보면 지루함 없이 필요한 반복이 저절로 해결된다. 계속 많이 읽으면 영어 표현들은 필요한 만큼 반복되기 때문이다. 게다가 언어적 표현들이 매번 문맥에 따라 다르게 표현되어 표현에 대한 이해가 깊어진다.

찬호가 영어에 흠뻑 빠진 이유는 무엇일까? 그것은 바로 영어책 읽기가 아니었다. 그냥 읽기란 점이다. 단지 그 책이 영어로 되어 있을 뿐이다. 따라서 그냥 좋은 책을 읽고 즐기는 것이 핵심이다. 영어 문장을 읽고 해석하는 것이 아니라 책을 통해 아이가 흥미를 가지고 세상을 느끼는 것이다. 또한 그것을 통해본 많은 것들을 탐구하고 경험하는 것이다. 아이가 영어책을 읽을 때 학습이 되지 않게 해주고 여유 있게 살펴보고 대화하고 공감해주는 것은 어른들의 몫인 것 같다.

위의 사례에서 볼 수 있듯이 민주, 가윤이, 찬호는 공통점이 있다. 이 아이들 모두 영어 속으로 빠져들었다는 것이다. 고도의 집중력을 발휘해서 몰입상태로 자신을 이끌었던 것은 무엇일까? 그건 바로 이야기의 '재미'이다. 미지의 세계를 탐구하고 배움의 세계로 향하는 가장 좋은 방법은 '책 읽기'다.

세계적인 언어학자, 스티븐 크라센 박사 『읽기 혁명』의 명언이다.

"독서는 외국어를 배우는 최상의 방법이 아닙니다. 그것은 유일한 방법입니다."

06

# 아이의 다중지능을 체크하라

내가 어릴 적 1970년대에는 IQ(Intelligence Quotient)라는 '지능 검사'가 있었다. A친구는 120, B친구는 100, C친구는 90등으로 개개인이 IQ로 수치화되었다. 초등학교 3학년으로 기억된다. IQ가 100 이하인 친구들은 놀림을 받기도 했다. 또 그때 IQ가 높았던 친구들은 자신감이 넘치는 아이들도 있었다.

"우리 아이는 머리는 좋은데 노력을 안 해서……."

내가 초등학생 때와 중학생 때 주변 어른들이 많이 했던 말이다. 이렇게 말하는 어른들의 말과 표정 속에 아이들은 헷갈린다. 그리곤 자신이 노력을 하지 않은 못난이라고 생각한다. 반대로 어떤 아이는 난 노력을 하는데 점수가 낮으니 머리가 좋지 않다고 여긴다. 겉으로는 표현을 못 하지만 마음 속 깊은 곳에 고정관념으로 새겨지게 된다.

그리고 명절 때 친척들에게 듣는 말들이 있다.

"공부 잘하지? 몇 점 맞았어?"

그때 어린이들은 '난 점수가 좋지 않아서 별 수 없는 아이야.' '맞아, 나는 공부를 못해.'라고 여겼다. 아이들은 '점수가 바로 나다.'라는 공식을 자신도 모르게 머리에 새기게 된다. 이렇게 미성숙한 어린이들은 어른들의 잣대에 재단이 된다.

어느 해 설날이었다. 아버님께서 우리 아이에게 "○○아, 학교에서 몇 등하니?"라고 물었다. 다행히 초등학생인 우리 아이들은 '몇 등 하는지 모른다'고 말하고는 바른 글씨 어린이상을 탔다고 자랑한다. 부모님들 역시 아이의 자존감을 위해서 남들 앞에서는 점수를 그다지 중요시 하지 않는다. 명절에 만난 친척 중 한 명이 공부에 대해 물으면 '시대에 맞지 않는 질문을 하는구나.'

하고 나도 그냥 웃어넘긴 적이 있다.

시대가 바뀌었다. IQ를 중요시하던 시대에서 다중지능(Multiple intelligence)으로 말이다. 하워드 가드너 박사는 다중지능을 주장했다. 이것은 지능이 한 가지가 아니라 다양한 형태가 있다는 것이다. 예를 들면 과학자, 시인, 작곡가, 조각가, 외과의사, 엔지니어, 무용수, 운동경기 코치에게는 각기 다른 인지능력이 요구된다.

나는 교육학을 배우면서 다중지능을 처음 접하게 되었다. 나는 IQ로 '머리가 좋다 나쁘다.'라고 평가하던 시대에 살았다. 그런데 이 이론은 내가 어렴풋이 알고 있던 인지능력이 사람들마다 다르다는 것을 명료하게 해주었다. 그래서 나는 이것을 처음 들었을 때 아주 기뻤다. 다중지능을 공부하고 학생들을 가르칠 때 꼭 사용하겠다고 다짐했었다. 그래서 공부로 기가 죽은 아이들에게 자신에게 맞는 지능이 있음을 알려주고 동기부여를 해주고 싶었다.

어떤 아이는 계산은 잘하지만 음악지능이 떨어진다. 또 어떤 아이는 언어가 빠르고 계산을 어려워한다. 어떤 아이는 운동을 잘하지만 악기를 다루는 것은 관심이 없다. 다중지능은 모든 아이들의 긍정적 측면을 바라봐준다. 아이들의 장점을 최대한 살리는 방법으로 수업 내용을 구성하고 가르친다면 아이들은 참 행복할 것이다.

또한 가드너의 다중지능 이론은 학습에 적용하여 아이들의 적성을 찾아 개발시켜주는 좋은 결과를 가져온다. 이 이론을 설명한 학습서는 이미 시중에 많이 나와 있다. 다중지능은 8개로 구성된다. 자연친화지능, 자기이해지능, 대인관계지능, 음악지능, 신체운동지능, 시각공간지능, 논리수학지능, 언어지능이 있다.

나는 영어학습과 연결시켜 내가 20년 동안 영어를 가르쳤던 아이들의 사례를 제시한다. 여러 번 강조하지만 아이들의 학습 스타일을 파악해야 한다. 생김새가 다르듯 아이들의 학습 스타일도 제각기다.

'옆집 아이는 이렇게 해서 잘됐는데 우리 아이는 왜 안 될까?'라는 불필요한 생각은 쓰레기통에 버리기 바란다. 아이와 가장 가까이에 있는 엄마가 아이를 관찰해야 한다. 우리 아이에게 맞는 공부 방법을 찾아내고 실행해야 한다. 학원에서 영어공부한다면 아이 학습 스타일에 맞는 방법을 찾아주면 된다. 엄마표 영어를 학습한다면 독서를 기본으로 하되 우리 아이에게 맞는 책을 찾아주는 방법을 접목해본다. 우리 아이에게 맞는 방법이 기필코 있다. 자신에게 맞는 방법으로 공부를 시작한 아이는 영어를 사랑하게 될 것이다. 그리고 더 나아가 자기가 가진 재능을 소중하게 여길 것이다.

수아는 학교에서 검사한 다중지능 8가지 중 대인관계지능이 가장 높았다.

하지만 처음 영어공부를 시작할 때 오디오북을 듣는 데 그치는 리딩 위주의 학원을 다녔다고 한다. 오디오 속에서 나오는 이야기는 수아에게 자장가로 들렸다. 그리고 어쩌다가 잠이 들면 선생님께 혼나기도 했다. 수아 엄마는 나에게 문의를 했다.

나는 수아의 성격과 미리 학교에서 검사한 다중지능 검사의 결과를 들었다. 그래서 리딩만 하는 학원보다는 선생님이나 친구들과의 활동이 많은 학원을 추천해 드렸다. 그 후 다행히도 수아는 유창하지 않은 영어 실력으로도 금세 친구를 사귀고 분위기를 주도했다. 수아는 사람들 사이에서 힘을 발휘하는 성향인 것이다. 혼자 공부할 때보다 학원에서 다른 친구들이 하는 모습을 보고 배운다. 선생님, 친구들과의 대화 속에서 자신이 모르는 단어의 쓰임들을 발견한다. 그 후 수아는 독서를 조금씩 좋아하게 되었다. 영어책은 등장인물들의 캐릭터가 살아 있는 동화를 가장 좋아한다. 설명 위주의 동화책보다는 인물에 대해 관심이 많아서 구어체가 많은 대화식 이야기를 좋아한다.

자기이해지능이 강한 아이도 대인관계지능과 마찬가지로 사람을 잘 관찰하고 파악한다. 하지만 그 대상이 타인이 아니라 자기 자신이다. 연수라는 아이는 자기 자신의 장점과 단점을 잘 안다. 그리고 자신이 무엇을 원하는지, 무엇이 필요한지를 정확하게 파악한다.

연수는 연예인이 되는 것이 꿈이었다. 하지만 자신이 노래에는 소질이 없다고 했다. 그래서 초등학교 선생님이 되기로 결정했다고 한다. 초등학교 선생님이 되기 위해서 계획을 세워서 공부하고 숙제를 잊는 법이 없다. 엄마는 연수가 책을 읽을 때 충분한 시간을 준다. 이야기책으로는 같은 주인공이 나오는 가족 이야기 시리즈를 좋아한다. 혼자만의 시간을 즐기는 것을 좋아해서인지 엄마표 영어가 연수에게는 힘들지가 않다. 재미있는 책을 읽는 것도 좋고 자신만의 시간을 가질 수 있어서 더욱 좋아한다.

재원이는 1학년 때부터 책 읽기를 본격적으로 시작했다. 6개월이 지난 지금 2년에서 3년 정도 공부한 아이들 정도로 실력이 향상되었다. 재원이는 한 번 들은 소리를 잘 흉내 내어 따라 말한다. 오디오북과 대화가 풍부한 비디오를 보는 것에 재미를 느낀다. 영어책을 소리 내서 읽기가 재원이에게 효과가 컸다. 소리 내어 읽을 때 문장을 익힐 수 있기 때문이다. 책 속의 단어 학습 또한 보는 대로 기억하는 장점이 있다. 재원이는 아직 1학년이라서 학교에서 실시하는 다중지능 검사를 받아보지는 않았다. 하지만 언어를 빨리 받아드린다는 것은 그만큼 언어지능이 높다는 것을 알 수 있다. 또한 보는 대로 듣는 대로 바로 효과가 보이는 것은 시청각 기능이 발달된 아이의 특징이다.

논리,수학지능이 발달한 태원이는 논리적으로 이해가 되어야 학습 동기를 느끼는 아이이다. "이렇게 해!"라는 명령조보다는 왜 그렇게 해야 하는지 설명해줄 때 더 잘 따른다. 엄마의 말씀으로는 수학은 무리 없이 학년에 맞게 잘 따라간다고 한다. 태원이는 책만 읽는 학습은 잘 맞지 않는다. 그래서 나는 책을 읽고 나서 문제를 풀어보거나 단어 설명을 해준다. 태원이에게 책을 읽으면서 그림 하나하나에 들어 있는 장치를 설명해주면 재미있어 한다.

논리수학지능이 발달한 아이들은 언어지능이 높은 아이에 비해 영어학습 성장이 느린 편이다. 왜냐하면 언어는 소리에 빨리 반응하고 들리는 대로 따라 말하면서 성장하는 것이 언어 학습의 특성이기 때문이다.

나는 학교를 다니면서 유치원에서 수업을 한 적이 있었다. 유치원생 대부분은 신체운동지능이 높다. 그래서 그냥 듣기만 하는 오디오북은 맞지 않는다. 이 시기의 아이들은 함께 이야기책을 읽으면서 주인공이 되어서 따라 해보는 것에 흥미를 갖는다. 그래서 나는 '손 유희'를 아이들과 함께 하면서 영어로 말하는 것을 시도했다. 또한 아이들과 영어 연극을 한 적이 있다. 영어 연극을 할 때 신체 동작과 영어 문장을 연결시켜서 자신의 대화를 외우게 해주는 것이 중요하다. 이렇게 해서 5군데 유치원 아이들의 재롱잔치에 영어 연극을 올려서 성공을 하고 희열을 느낀 적이 있다. 신체 운동에 있어서 유치원생뿐 아이라 초등학생들도 신체 동작으로 퀴즈를 내서 영어 단어를 맞추거나 영어 문장 만들기는 재미가 있어 영어공부에 효과적이다.

소리와 음악에 민감한 아이는 일찍부터 음악에 재능이 있는 아이일 것이다. 이 성향의 아이들은 음악뿐 아니라 모든 소리에 예민하다. 굳이 피아노나 바이올린에 천재적인 재능을 보이지 않아도 발자국 소리만 듣고도 누가 오는지 안다면 음악지능이 발달했다고 할 수 있다. 우리나라는 영어를 외국어로서 공부를 한다. 생활 전반에서는 영어를 듣고 말하는 환경이 아니다. 이런 환경에서는 영어에 재미를 느껴야 하는데 음악지능이 뛰어난 아이는 유리하다. 영어 노래나 챈트를 이용해서 공부를 하는 것이다. 단어나 문장을 외울 때도 리듬을 타면서 챈트 형식으로 외우면 즐겁기도 하고 금세 외울 수 있다. 나 역시도 소리에 민감해서 팝송을 즐겁게 영어로 부르면서 단어와 문장을 익혔다.

호영이는 듣는 것보다 보고 판단하는 것이 빠르다. 공간 감각이 뛰어나고 머릿속에 이미지를 떠올려 사물을 기억하고 이해한다. 그래서인지 호영이는 어렸을 때 유난히 보고 따라 그리기를 잘했다고 한다. 호영이는 영어책을 읽고 나서 그림을 그린다. 그리고 퍼즐 맞추며 영어 단어를 외운다. 영어 비디오나 영화 보기를 좋아한다. 호영이는 중요한 문장에 줄을 치고 외는 것은 어렵다고 말한다. 대신 다양한 색깔 펜으로 핵심을 강조하고 시각화할 때 기억이 잘 난다고 한다.

하워드 가드너 박사의 연구에서 가장 최근에 추가된 내용은 자연탐구 지능이다. 이 지능이 뛰어난 아이들은 종종 어느 한 분야에 대단한 열정이 있다. 민호는 우주에 매료된 아이이다. 각 행성에 대한 특성을 읽으며 영어를 익힌다. 우주를 여행하는 책을 읽으며 열광한다. 그리고 NASA의 홈페이지를 즐겨찾기 해놓고 거침없이 읽어나간다.

우리 아이는 어떤 지능이 높은가? 아이에게 좀 더 효과적인 학습 환경을 만들어주기 위한 방법으로 다중지능을 체크하는 것은 도움이 된다. 하지만 어느 한 스타일에 100% 부합하는 아이는 없다. 너무 세세한 스타일을 규정하기보다는 큰 테두리 안에서 아이가 좋아하고 잘하는 것을 향상시켜주는 것이 포인트다. 학습 스타일은 엄마가 아이를 관찰하는 것만으로도 비교적 정확한 결과를 찾을 수 있다고 생각한다. 혹시나 애매하다는 느낌이 든다면 특정 시험을 보는 방법도 있다. 또는 아이가 다니는 학원 선생님들과 상담해보면 우리 아이의 학습 스타일을 잘 알려줄 것이다.

07

# 영 어 공부 습관 들이는 법

나는 요즘 글을 쓰면서 생동감을 느낀다. 진정으로 살아 있는 느낌이다. 무의식적으로 반복되는 일상이 아닌 내가 선택하는 삶, 바로 주인의 삶을 살고 있다. 버킷리스트를 작성하고 그것에 관한 글을 쓰면서 삶의 목표가 생겼다. 버킷리스트 5가지는 다음과 같다. 의식 상승하여 나와 타인을 사랑하고 의식에 관한 강연하기, 가족 3대와 세계 여행하기, 나처럼 평범한 사람도 크게 될 수 있다는 것을 증명하기, 돈부자 마음부자 건강부자 되어 부자 강연하기, 신랑 차 바꿔주고 내가 하고 싶은 것들 모두 이루기이다. 이 5가지 버킷리스트에 관한 글은 여러 작가님들과 공동 저서인 『보물지도22』인데 전자책으로 출간된다.

그동안 꿈 없이 하루를 그냥 살아왔다. 그래서인지 가끔 무기력증이 있었는데 지금은 제2의 인생을 살고 있는 듯하다. 그동안 나는 무언가를 하고 싶은 생각은 있는데 행동하기가 힘들었다. 하지만, 밤에만 꾸었던 꿈을 낮에도 꾼다. 독자들과 소통하는 꿈이다. 아이 영어공부를 어떻게 안내할지 힘들어하는 부모님들을 컨설팅해 드리는 것이다. 이전에는 아이들에게 영어를 가르쳐 왔다. 이젠 그 아이들을 관찰하고 느낀 노하우와 깨달음을 부모님들께 전달하고 코칭해 드린다. 그러면 아이들이 좀 더 시행착오를 줄이고 영어를 잘할 수 있다. 그러면 아이는 괜한 노력을 쏟아 붓지 않아도 된다. 더불어 부모님의 고민도 줄어든다. 사교육에 관한 경제적인 면이 어느 정도 해소될 것이다.

나는 1인 창업가 과정에 있는 꿈과 희망을 전달하는 '강연가 과정'을 이수했다. 그리고 네이버 사이트에 있는 블로그 과정도 배웠다. 이번 주는 유튜브 과정을 배울 예정이다. 앞으로 내가 이수할 것은 '헤리엇쌤영어코칭협회' 카페 제작이다. 카페는 나의 회사나 다름없다. 1인 창업의 길은 힘겹다. 하지만 그 끝을 생각하면 가슴이 벅차고 에너지가 솟아난다. 이 모든 과정을 배우기 위해 분당으로 가는 SRT를 이용한다. 이전에 아파서 병원에 가는 SRT행과 지금 자기계발을 위해 향하는 기분은 천지 차이다. 살아 있는 업된 기분으로 출발하니, 가는 길에서 마주치는 사람들도 정겹고 코끝을 스치는 바람도 나를 응원하는 것처럼 느껴진다. 앞으로 즐거운 나날이 펼쳐질 것 같은 기대감에 미소를 짓고 그 기분을 만끽한다.

작가가 된 후로 나의 삶은 180도 바뀌었다. 잠을 더 자기 위해 핑계를 만들지 않는다. 하루에 9시간을 자야 한다는 고정관념을 내려놓게 되는 계기가 되었다. 밤 2시 30분에 자고 아침 7시에 일어나서 아이들을 학교에 보낸 뒤 글을 쓰기 시작한다. 그리고 오후에는 영어수업을 한다. 저녁엔 아이들울 챙기고 10시 이후에 노트북을 들고 카페로 향한다. 일상은 똑같이 반복되고 있다. 하지만 내가 하고 싶은 일을 하고 있으니 힘듦은 내 앞에서 사라진지 오래다. 나는 이미 1인 창업가가 되어 있고 그 과정을 완성하고 있다고 생각하면 하루하루가 행복하다.

오늘도 나는 아이들을 만나고 수업을 한다. 그들은 목표를 향해 꾸준히 노력한다. 나를 만나기 전 이 아이들은 꿈이 없었다. 꿈이 있었던 아이도 막연했다고 한다. 지금은 아이들이 가슴에 꿈을 새기고 영어공부를 한다. 그 후로 아이들도 나처럼 변해가고 있다. 영어를 공부할 때 조금 더 밀도 있게 따라오고 있다. 수업에 늦거나 숙제를 못 해온 사정을 늘어놓지 않는다. 시간도 잘 지키고 숙제도 알아서 척척 해온다.

아이들의 꿈을 이루는 것을 도와주기 위해 나는 아이들을 두뇌를 세팅해준다. 첫째, 장기 목표를 세워서 미래의 자아상을 찾아준다. 예를 들면 '나는 커서 멋진 선생님이 되겠다!'라는 의지를 종이에 적어준다. 둘째, 꿈을 이루기 위해 공부 계획을 한다. 영어책 100권 읽기 프로젝트는 큰 목표가 있을 때 아주 작게 느껴진다. 단기 목표를 가슴에 넣고 일주일 동안 해야 할 일을 계획하고 하루하루 완성해나간다.

이렇게 하루 계획까지 세우면 아이들은 영어공부 습관이 만들어진다. 그러니 영어공부가 지겹지 않다. 왜냐하면 영어 실력이 좋아지고 있음을 아이 스스로가 느끼기 때문이다. 아이들 마음속 깊이 내적 동기가 생겨서 공부를 스스로 하니 아이들의 부모님도 흡족해하신다. 나 또한 날마다 하루를 행복하고 감사하게 보낸다. 목표 세우기에 대해 구체적으로 더 알기를 원한다면 나의 네이버 카페나 블로그에 문의 바란다.

가정에서 영어공부 습관을 위해 무엇을 해야 할까? 모국어를 튼튼히 하는 것이다. "우리 아이는 말을 잘해요. 무슨 문제죠?"라고 물어보는 분이 있다. 일상생활 속에서 말을 잘한다는 것과 공부를 잘하기 위해서 '모국어가 튼튼하다'는 것은 다르다. 우리가 가족끼리 일상적으로 하는 "밥 먹었어?", "엄마, 맛있는 것 만들어주세요." 등과 같은 말들은 일상 언어다. 국어를 잘 한다는 것은 책을 읽고 이해하고 상황을 파악하고 깊이 있게 생각하는 것이다.

4학년인 차율이는 역사 공부를 하고 있다. 앞으로 5학년 교과 과정을 준비하고 있다. 미리 역사에 관한 배경지식을 쌓아놓기 위해서다. 엄마와 역사책을 읽고 토론을 한다. 그리고 자신의 생각을 이야기한다. 차율이는 선사 시대 사람들이 어떤 생활을 해왔고 내가 그 시대에 살았더라면 '어떤 재미있는 놀이를 했을까?'를 상상하고 엄마와 이야기를 주고받는다. 역사 속 인물이 되어 자신의 생각을 펼친다. 그리고 글로 써본다. 아이는 역사를 이해하고 자신의 것으로 내면화하여 자신의 생각을 표현한다.

자신의 생각을 표현하는 것은 공부의 기본기다. 그 실력으로 영어공부도 잘할 수 있다. 영어공부의 목표는 의사소통이다. 의사소통은 2가지가 있다. 첫째로 영어로 일상적인 말을 하는 것이다. 두 번째로는 자신을 생각을 쓰고 말할 수 있는 영어 실력이다. 나는 전자도 중요하지만 후자까지 가는 것이 진정한 영어공부라고 생각한다.

우리나라와 같은 EFL(English as a Foreign Language) 상황에서 영어를 배우는 목적은 "잘 지내?", "만나서 반가워."와 같은 생활 영어를 배우기 위해서가 아니다. 일상생활에서 사용할 일이 거의 없다. 학생들의 경우에는 시험과 대학 입학, 유학 등을 위해서다. 결국 우리 아이들은 국어와 외국어를 위해 모국어가 받침이 되어야 한다. 한마디로 생각하는 힘이 중요하다. 초등 3, 4학년 때 아이들은 일기를 쓴다. 이때 자신의 생각을 정확히 표현하는 능력을 길러야 한다. 그래야 영어를 공부할 때 상황 이해가 빠르고 깊이 사고하는 능력을 키울 수 있다. 이렇게 모국어가 잘되어 있는 아이는 영어도 잘할 수 있다. 그래야 영어로 나의 생각을 말하고 논리적으로 뒷받침할 수 있기 때문이다.

평소에 부모님과 대화를 하자. 일상생활 대화는 물론이고 생각을 공유하고 나눈다면 아이의 이해력과 사고력은 성장한다. 또한 아이에게 여유 있는 시간을 갖고 공상할 수 있는 시간을 마련해주는 것도 효과가 있을 것이다.

다음은 피해야 할 공부 습관이다. 공부 습관은 영어공부 습관과 다르지 않다. 단순 암기 위주의 공부는 지양해야 한다. 기계식으로 공부를 하면 기계가 될 뿐이다. 우리는 사고를 할 수 있는 인간이다. 아이에게 궁금증이 있다면 궁금증을 해소하도록 도와줘야 한다. 또한 호기심을 충족시키는 공부를 통해 공부의 참맛을 느끼게 도와주어야 한다. 이렇게 하면 공부는 생활화되고 자기주도 학습 습관을 가져다 준다. 반대로 무조건 단순 암기 위주의 공부 습관은 공부로부터 흥미를 떨어지게 한다. 그러면 공부에 대한 거부 반응에 시달릴 수 있다.

아이들이 영어공부를 할 때 단어를 열심히 외우는 것을 자주 본다. 단어장을 달달 외우지만 그 단어의 쓰임을 모르는 아이들은 의외로 많다. 영어책이

나 신문 등 읽을거리를 읽고 그 속에서 단어를 공부하는 것이 훨씬 효과적이다.

나는 결혼 전 학원에서 일할 때 천재들을 많이 봤다. 다름 아닌 단어 외우기 천재들이다. 하루에 100개의 단어를 시험 보면 그것을 다 외운다. 하지만, 단어의 쓰임을 모르고 외우는 것은 무용지물이다. 이야기의 전체 맥락을 읽고 필요한 단어를 외우는 것을 추천한다.

마지막으로 복습하는 습관을 강조하고 싶다. 에빙하우스는 '망각곡선'을 이야기한다. 아이가 학습을 한 후 10분 뒤부터 망각이 시작된다. 그리고 1시간이 지나면 50%, 하루가 지나면 70%를 망각하고, 한 달 뒤에는 80%를 망각하게 된다는 이론이다.

나는 숙제를 해오는 것을 깜박하는 아이에게 이 이론을 설명한다. 그리고 집에 가자마자 복습 숙제 3개 중 1개를 꼭 하라고 당부한다. 그리고 인증 샷을 찍어서 보내라고 한다. 망각곡선의 이론이 어떤 아이에게는 절실히 요구되기 때문이다. 그 후로 아이는 노력의 결과로 복습 숙제를 꼭 하는 좋은 습관을 가지게 되었다. 많은 양을 매일 공부하면 당연히 좋다. 그러나 배운 것을 복습하는 습관만 들여도 영어공부는 잘 다져질 것이라고 확신한다.

나는 영어공부 습관 들이는 방법으로 목표를 정해서 하면 꾸준함을 유지할 수 있음을 강조했다. 또한 모국어를 튼튼히 해야 사고하는 능력이 길러져서 영어학습 또한 효과를 본다고 말했다. 그리고 기계적인 단순 암기식 학습보다는 내용을 충실히 하는 학습과 복습의 중요성을 사례를 통해 제시했다.

"운명은 그 사람의 성격에 의해서 만들어진다. 그리고 성격은 그 사람의 일상생활의 습관에서 만들어진다. 그렇기에 오늘 하루 좋은 행동의 씨를 뿌려서 좋은 습관을 거두어들이도록 하지 않으면 안 된다. 좋은 습관으로 성격을 다스린다면 그때부터 운명은 새로운 문을 열 것이다." – 데커

08

# 우리 아이의 영어감각을 깨워라

며칠 전 나는 지인들에게 문자를 보냈다. 그들의 의견을 듣고 싶었기 때문이다. '우리 아이들 영어는 어떻게 해야 할까요?' 단체 톡에는 나를 포함해서 4명이 있었다. '3명 모두 빡세게 외우고 훈련하는 것이 영어의 정석'이라고 했다. 하지만 나는 이 의견에 반대한다. 성인들에게는 당장 결과가 나와야 하는 승진 시험이 있다. 고등학생들 역시 대입을 위한 수학능력 평가가 있다. 그리고 유학을 가거나 취업을 위해서도 영어 시험을 본다. 시험을 위해서는 빡세게 외우고 훈련하는 것이 당연하다.

하지만 나는 초등학생들에게 앞으로 점수를 요구하는 시험이 있기에 어릴 적에는 즐겁게 영어공부를 하기를 바란다. 어릴 적부터 힘을 주고 공부를 한다면 일찍 지치기 마련이기 때문이다. 영어공부는 마라톤이다. 그래서 초반에는 힘을 빼고 달리는 것이 중요하다. 우리나라와 같이 영어를 외국어로 공부하는 나라에서는 더욱 그렇다. 누군가는 이렇게 말할 것이다. 영어 실력을 쌓아놓아야 나중에 시험에서 승리할 수 있다고 말이다. 하지만 나는 좋은 기억을 간직하며 기초를 쌓아야 한다고 믿는다. 그래야 아이가 충만감을 느끼며 미래를 설계할 수 있는 자신감이 생기기 때문이다.

아이들에게 영어란 어떤 것일까? 내가 사는 곳에는 아이들이 대부분 영어 학원을 다니거나 홈스쿨 등을 한다. 한두 명을 제외하고는 영어공부는 필수라 여긴다. 그런데 영어를 즐겁게 하는 아이는 찾아보기가 힘들다.

우리 아이들이 영어를 공부라는 틀에 넣지 않고 즐길 수 있는 방법은 없을까? 바로 영어감각을 깨우는 것이다. 영어는 단순 기억으로 익힐 수 없다. 영어는 감각을 키워야 한다. 감각을 키우려면 살아 있는 영어를 해야 한다. 억지로 하는 것이 아닌 기분 좋은 느낌으로 하는 것이다. 방법으로는 영어책을 읽는 것이다. 이는 독해력, 청취력, 작문 능력을 향상시키는 데 필수적이다. 아이가 좋아하는 내용으로 구성된 꾸준한 독서는 아이의 기분을 변화시킨다. '재미있다'라는 느낌말이다. 영어는 공부가 아닌 즐거움으로 다가온다. 즐거움은 자신을 사랑할 수 있는 좋은 느낌이다.

외국어 감각이 뛰어난 사람의 특징은 소리 감각이 탁월하고 문장 구조를 빨리 파악한다. 8살 민재는 원어민이 영어로 말하는 것을 듣고 바로 똑같이 따라서 말한다. 3개월 정도 영어책 읽기를 했는데 문장 구조 파악까지 곧잘 한다. 눈으로 보는 대로 문장을 바로 읽는다. 민재는 탁월한 언어감각을 타고났다. 또한 그 감각에 아이에게 맞는 책을 읽히는 것은 중요하다. 전통적인 방식으로 단어만 암기하거나 스토리가 없는 형식이나 의미 부여가 없는 형태로 영어를 공부하면 아이의 영어감각의 힘을 발휘하지 못할 것이다.

나는 호주로 여행을 간 적이 있다. 멜번이라는 도시에서 네덜란드 부부를 만났었다. 네덜란드는 비영어권 국가 중에 영어를 능숙하게 구사하는 국민이 전 세계에서 가장 많은 나라다. 그 부부의 말에 따르면 자신들이 영어를 잘 할 수 있는 비결은 네델란드어는 영어와 비슷하다고 했다. 알파벳도 거의 표기와 발음이 같고 문법도 어렵게 느껴지지 않는다고 말했다. 그리고 어릴 적부터 영어로 된 방송을 즐겨 들었고 책을 많이 읽었다고 덧붙였다.

우리말은 영어와 문장 구조가 많이 다르다. 어떻게 하면 영어를 잘할 수 있을까? 어떻게 하면 한국어와 문장 구조가 다른 영어를 잘 할 수 있을까? 우리 아이들은 영어공부를 하느라 10년 이상의 시간을 보낸다. 조기 교육을 제외하고 초등학교 때부터 고등학교까지 긴 여정을 거치고도 계속 공부를 해야 한다. 시간을 단축해서 영어를 익히는 방법은 없을까?

초등학교 6학년인 주현이는 예비 중학생이다. 주현이 엄마는 나에게 문법 수업을 요청하셨다. 그전에 주현이는 영어공부에 흥미를 느끼지 못했다고 한다. 그래서 지인의 소개로 나에게 문의를 하셨다. 문법을 공부하는 것은 아이에게 무척 힘든 작업이다. 영어책을 많이 읽었던 아이들도 힘들어 한다. 하지만 주현이는 책을 읽었던 적이 있었던 것 같지만 기억이 안 난다고 말했다.

영어책을 읽는 것은 영어감각을 깨우는 훈련이 된다. 영어감각이 없는 아이들에게 문법 수업은 고문이나 다름없다. 나는 주현이에게 6학년이지만 영어책 읽기를 권했다. 책 읽기가 가능하고 책을 읽는 데 무리가 없으면 나는 기초학습으로 문장 구조를 설명해준다. 시험을 보기 위한 문법이 아니다. 영어의 어순 구조를 설명해준다. 그러면서 읽는 연습과 쓰는 연습을 꾸준히 보여준다. 그러면 아이는 감을 잡는다. 고학년인 경우에는 문장의 구조를 정확히 파악해 주면 영어책 읽기에 속도가 붙는다. 무작정 읽기와 다르다.

다행히도 주현이는 영어책 읽기를 힘들어 하지 않는다. 전체 이야기를 파악하는 스토리 감각이 살아났다. 아이는 그렇게 긴 시간이 아니어도 감각적으로 영어 구조의 감을 잡을 수 있다. 그 후 호기심이 발동해 영어책을 더 많이 읽게 된다. 주현이는 1년 정도 개인 코칭 수업을 받고 영어에 자신감이 생겼다. 영어공부가 무작정 긴 시간을 한다고 실력이 상승되는 것은 아니다. 영어의 감을 잡으면 스스로 공부를 하고픈 내적 동기가 발동한다. 아이의 능력을 믿고 그 아이에 맞는 영어의 감각을 깨워줘야 한다. 자기주도 학습이 먼저가 아니라 영어감각을 일깨우면 스스로 학습이 가능하다. 재미가 있고 할 수 있다는 자신감이 생기기 때문이다.

내가 아주 좋아하는 귀염둥이 7살 쌍둥이 준호와 서준이는 매일매일 영어책을 온라인으로 본다. 부모님이 맞벌이를 하셔서 편리한 온라인 수업으로 결정했다. 어릴수록 매일 조금씩 영어를 접하는 것은 중요하다. 단어도 게임으로 배운다. 아이들은 단어 학습을 제일 즐거워한다. 파닉스도 체계적으로 계획을 세워서 차근차근 해나간다. 아이들은 아직 어리고 소근육 발달이 느려 글씨를 쓰는 것을 힘들어 한다. 그래서 온라인을 이용한 학습은 유용하다. 또한 시각적 효과가 좋아 아이들이 즐겁게 공부를 매일 할 수 있다.

아이들은 일주일에 2번 코칭을 받고 나는 언제 어디서나 아이들이 영어활동한 것을 온라인으로 확인한다. 정독과 다독으로 책이 나뉘어져 있는데 아이들이 무슨 책을 보았고 몇 번 학습했는지 모두 확인하고 피드백을 해준다. 또한 책을 읽으며 아이들은 모국어를 배울 때 옹알이를 하듯이 영어를 따라 말하며 녹음도 한다. 듣기에 감각 있는 아이들은 아주 똑같이 따라 말하며 녹음을 한다. 자신이 말한 것을 들으며 즐거워한다. 책을 읽고 난 후 독후활동으로 아이들은 그림을 그리거나 마인드맵으로 어휘도 배운다.

요즘 우리는 언택트 시대를 살아가고 있다. 그래서 어린아이들은 온라인을 이용해서 영어를 학습을 하고 있다. 매일 재미있게 영어학습을 하면서 영어감각을 유지하는 것은 중요하다. 영어감각을 지키는 것은 아이들의 영어공부에 대한 자존감을 잃지 않는 것과 같다.

'우리 아이는 영어감각이 없다.'라고 규정짓지 않기를 바란다. 감각은 누구에게나 있다. 맛있는 것을 먹을 때 다시 먹고 싶어진다. 멋진 풍경을 보면 또 보고 싶어진다. 발랄한 음악을 들으면 기분이 좋아진다. 이처럼 감각은 긍정성을 선택할 때 깨어난다. 무감각하다는 것은 감각이 없는 것이 아이다. 자신이 가지고 있는 감각을 회복시키면 감각이 깨어난다. 이는 달걀의 껍데기와 같다. 아이들은 잘하고 싶어 한다. 어미 닭이 아기에게 향하는 마음의 기도와 껍질을 깨는 것을 살짝 도와주면 된다. 그러면 아이는 원래 가지고 있던 감각을 되찾는다. 다시 한 번 강조하면 영어감각은 누구에게나 있다. 처음 공부하는 아이부터 시험을 위해 공부하는 아이들까지 각자에게 고유하게 타고난 감각을 느끼게 하고 깨어나도록 도와주면 된다.

PART 3

# 우리 아이를 위한 이기는 영어공부 원칙

01

# 습관 교육이 아이의 영어 실력을 결정한다

우리 아이에게 어떤 습관을 길러줘야 할까? 습관이란 '어떤 행위를 오랫동안 되풀이하는 과정에서 저절로 익혀진 행동 방식'이다. 우리가 태어나서 지금까지 일상적으로 하고 있는 것들이 습관이다. 언어 습관, 행동 습관, 생활 습관, 공부 습관, 목표 습관, 사고 습관 등 들여야 할 습관이 이렇게 많다는 것을 글을 쓰면서 자각한다. 너무 좋은 습관만을 좇아서 사는 것은 어떨까? 오히려 해가 될 수도 있다. 습관을 따라가는 것이 아니라 마치 내가 창조주가 된 것처럼 좋은 습관을 만들어나가야 한다. 아이들의 경우에는 나이나 시기에 맞게 2~3가지를 정해서 집중해보는 것이 어떨까?

한때 자기주도 학습이 유행했다. 이 학습과 연관된 수업을 고민 끝에 3년 정도 프랜차이즈를 계약해서 영어수업을 한 적도 있다. 아이들에게 그날 해야 할 분량을 정해서 준다. 그리고 아이들은 선생님이 정해준 공부 분량을 해야 한다. 책 읽기는 아이들의 속도에 따라서 양이 달라진다. 매일 한 권씩 읽는다면 한 달에 30권은 기본으로 책을 읽을 수 있다. 속도가 빠른 아이는 그 배로 읽는다.

단체로 수업을 하다 보니 성과가 있는 아이들이 50%는 넘었지만 만족스럽지는 않았다. 어떤 아이들은 글씨만 읽는 것으로 드러났다. 학원 수업이 앞서가는 아이들을 위해서 하는 경우가 있다. 하지만 나는 뒤에 있는 아이들이 걱정이 되어 더 힘을 쏟았던 기억이 난다.

사실 이 수업 방식이 어렵지는 않았다. 영어를 공부하는 아이들이 1~2년까지 기초 실력을 올려주기에는 괜찮은 학습이었다. 그렇지만 실력이 오른 아이들에게 계속 학습을 부여하는 방식을 고집하기에는 한계가 있었다. 그래서 적절히 수업 방식을 바꾸었던 경험이 있다.

정확한 의미의 자기주도 학습은 무엇일까? 인터넷에서 검색한 사전적 의미는 '학습자 스스로가 자발적으로 학습의 상세한 계획과 목표를 세워 학습을 하고 평가까지 하는 학습의 형태'이다. 아이 스스로 자신의 현재 실력이나 상황을 파악하는 데서 시작해야 한다. 그러고 난 후 스스로 지킬 수 있을 만큼의 계획을 세운다. 계획을 실천하고 난 후 개선해야 할 점과 고쳐야 할 부분을 확인한다. 이것을 혼자서 다 해내야 '진정한 자기주도 학습을 한다'고 할 수 있다.

선생님이나 엄마가 정해준 진도에 맞추어 그 시간에 혼자 공부하는 것은 진정한 의미의 자기주도 학습이 아니다. 그렇다면 자기주도 학습에서 가장 중요한 부분은 무엇일까? 모든 단계에서 아이 스스로 해낸다면 좋을 것이다. 하지만 자기주도 학습의 꽃은 마지막 단계다. 바로 스스로 개선해야 할 점을 확인하는 단계다. 이 단계가 있어야 아이의 영어 실력을 성장시킬 수 있는 것이다. 그런데 지금 아이들이 공부하고 있는 자기주도 학습을 보면 이 마지막 단계가 빠져 있다. 아이가 오늘 공부한 것을 확인하고 개선점을 찾는 단계가 필요하다.

영어 독서에 있어서는 그냥 책을 읽는 것에 그치는 것이 아니라 다양한 활동을 유도하면 아이의 사고력은 확장된다. 먼저 책 속의 그림을 보고 아이가 궁금할 점이 있는지 살펴야 한다. 그리고 주인공의 행동에 대한 궁금한 점도 물어봐주는 배려가 필요하다. 작가의 의도 등에 대해 아이의 관점에서 자연스럽게 대화를 유도하는 활동들을 해야 한다. 그러면 아이는 독서활동으로 자신의 범위보다 더 깊고 넓게 세상을 알아갈 수 있다. 그리고 타인의 생각과 자신의 생각이 다름을 인정하고 또 다른 세계를 맛볼 수 있다.

자기주도 학습이 되려면 자기주도 생활이 되어야 한다. 우리 집은 3가지 약속이 있다. 그것들은 아이들과 함께 정한 것이다. 스스로 자신들의 방을 정리하는 습관, 핸드폰은 매일 밤 9시 30분까지 안방에 충전하기, 잠은 11시 이전에 자는 것이다. 단순하지만 우리 아이들은 이 세 가지를 약속했다. 이런저런 이유가 생겨서 시행착오를 겪으며 처음보다 훨씬 좋아졌다.

아이가 고집을 부리다가 시행착오를 겪게 되었을 때 안타까운 마음이 들었다. 그런데 그 마음을 표현해야 하는데 나의 의도와 다르게 말을 해서 후회한 적이 있다. 부끄럽지만 고백해보겠다.

"그러게 엄마가 진작 이렇게 하라고 했지? 너 그러다가 이럴 줄 알았다."

이런 식의 비난도 해보았다. 이젠 사춘기가 된 아이들에게 져주는 방식을 선택했다. 아이들 자신의 생각을 형성해가는 시기이기 때문이다. 성인이 될 때까지 시행착오를 겪어야만 더 크게 성장을 할 수 있다.

이런 자기주도 생활 방식은 영어학습에도 적용된다. 아이 스스로도 자신을 파악하고 자기의 성향을 알 수 있는 기회가 된다. 아이는 영어 숙제를 미룬 적도 있고 2시에 한다고 했다가 저녁 늦게 하기도 했다. 마침내 아이는 저녁 9시에 영어공부를 할 때 집중이 잘된다는 것을 경험했다. 그리고 책을 읽고 어려운 단어는 알려달라고 나를 부른다. 하지만 나는 다른 방법들을 제시했다. 마침내 아이는 큰 소리로 5번 읽을 때 단어가 잘 기억된다는 것을 알아내었다. 시행착오를 거듭한 이 작은 발견이 없다면 자기주도 학습은 이루어질 수 없다. 이 책 5장에 '꿈이 있는 아이는 아름답다' 편에 목표 관리 학습을 위한 시트가 있다. 그 시트를 활용하여 자기주도 학습을 실천하기 바란다. 더 자세한 점을 알고 싶다면 '헤리엇쌤'의 블로그를 방문하면 도움이 될 것이다.

아이들이 책 읽는 습관을 들이는 것은 아무리 강조해도 지나치지 않는다. 디지털 시대를 사는 지금 아이들에게 책을 읽히기는 쉽지 않다. 아이들은 더 재미있는 쪽으로 눈을 돌리기 때문이다. 하루에 30분씩 책을 읽는 시간을 정했으면 한다. 부모가 책을 선택하기보다는 자신이 읽을 책을 직접 골라서 읽도록 돕는다. 끝까지 다 읽었을 때 식구들이나 친구에게 그 책에 대해 얘기해보는 활동을 하면 어떨까? 주의할 점은 "무슨 이야기야?"라고 확인하는 느낌으로 말하지 않는 것이다. 책 읽기가 숙제가 되거나 의무가 되면 장기적으로 할 수 없기 때문이다. 대신 책 읽는 기쁨을 나누는 취지로 다가가는 쪽이 자연스럽다.

독서의 힘으로 성공한 안철수는 의학 박사 학위를 가진 사업가다. 사람을 치료하는 의사가 되려다 컴퓨터를 치료하는 의사가 되었다. 그는 컴퓨터 바이러스를 퇴치하는 백신 프로그램인 V3을 개발하였다. 그래서 우리나라가 세계적인 인터넷 강국이 되는 데 큰 역할을 했다.

안철수의 가방에는 언제나 읽을 책이 들어 있었다. 그는 늘 자신이 읽은 책만큼 세상을 알게 된다고 말한다. 그리고 아이들에게 책을 많이 읽고 세상을 더 많이 아는 사람이 되어보라고 권한다. 그가 『나의 멘토를 찾아 떠나는 여행』에서 아이들에게 보낸 편지글을 소개한다.

"책을 읽으면서 못다 한 경험을 쌓고, 많은 사람들의 인생을 알게 되었어요. 그러면서 다른 사람을 이해하는 마음을 길렀지요. 책이 따분하게만 느껴지나요? 책을 읽기보다는 TV를 보거나 게임을 하는 것이 더 좋은가요? 그럼 TV를 보거나 게임을 하기 전에 30분씩 책을 읽는 시간을 정해 두세요. 쉬운 책부터 읽기 시작해서 어려운 책으로 단계를 높여 가다 보면 어느새 책 읽는 즐거움에 빠진 나를 보게 될 거예요."

나는 책을 읽는 것이 일상이 되었다. 아이들을 낳고 책을 읽어주면서 책 읽는 습관으로 굳어졌다. 처음엔 전공서적을 주로 읽었는데 요즘은 자기계발서와 영성에 관련된 책을 읽으며 즐거움을 만끽하며 살아간다. 그래서 이 즐거움이 습관으로 이어졌다. 아침에 일어나면 잠자리 옆에 있는 책을 읽으며 하루를 시작한다. 외출을 할 때면 나는 읽을 책을 가방에 넣는다. 잠깐이라도 책을 읽을 수 있도록 하기 위해서다. 가방 속에 책이 없으면 허전해서 견딜 수가 없다. 요즘 서울에 일주일에 한 번씩 1인 창업 수업을 위해 간다. 이동 중에 기차 안에서도 읽고, 점심시간에도 읽고, 수업 후 잠깐 휴식을 취할 때도 책을 읽는다. 이렇게 하다 보니 나도 모르게 책 읽는 것이 습관이 되었다.

아이들의 경우 학교와 학원을 가야 하고, 숙제도 해야 한다. 그래서 아이들은 책을 읽을 시간이 없다고 말한다. '시간이 나면 책을 읽어야지.' 생각하지만 이는 습관이 될 수 없다. 바로 시간을 내서 읽어야 한다. 오늘 해야 할 일에 책 읽기를 포함시키고 우선순위에 놓아야 한다. 밥을 먹고 양치질을 하듯이 하루 중에 꼭 해야 할 일에 책 읽기를 넣으면 된다.

나이가 어릴수록 자기주도 생활과 독서 습관은 어느 정도 시간을 두고 조금씩 훈련해나가야 한다. 부모마다 양육 방식도 다르고 아이의 성향도 저마다 다르기에 이 부분은 엄마가 준비를 시키고 기다려줘야 한다. 처음엔 답답한 마음도 들 것이다. 차근차근 아이와 대화하고 타협하며 훈련을 시켜야 한다. 그러니 조금 느긋하게 시간을 잡고 하나씩 아이에게 넘겨주면 어떨까? 그래야 아이도 자신이 할 수 있는 만큼 조절할 수 있다. 그러면 자신에 대한 믿음이 생겨난다. 초반에 힘들어하고 실수를 하고 실패하더라도 기다려주고 격려해주길 바란다.

“모든 습관은 노력에 의해 굳어진다. 잘 걷는 습관을 위해서는 많이 걷고, 잘 달리기 위해서는 많이 달려야 한다.” – 에픽테토스(고대 그리스 철학자)

02

# 영어책 읽기보다 좋은 방법은 없다

"오늘날의 나를 만든 것은 우리 마을의 작은 도서관이다." – 빌 게이츠

빌 게이츠는 마이크로소프트 설립자이자 기업인이다. 어렸을 때부터 컴퓨터 프로그램을 만드는 것을 좋아했다고 한다. 그는 하버드 대학교를 자퇴하고 폴 앨런과 함께 마이크로소프트사를 공동 창립했다. 그는 현재의 자신을 만든 것은 자신이 살던 마을에 있는 작은 도서관이라고 말한다. 빌 게이츠처럼 성공한 사람들은 모두 독서광이었다.

나는 이 글귀를 나의 가슴에 새겼다. 그리고 우리 집 현관에 정성스레 붙였다. 아이들에게 작은 영어도서관을 만들어주고 싶었기 때문이다. 나는 아이들이 영어책을 읽고 영어 실력은 물론이고 세상을 보는 눈을 기른다면 더할 나위 없이 행복할 것이다. 빌 게이츠처럼 크게 될 아이들을 생각하면 가슴이 벅차다. 그래서 나는 '영어책 읽기' 메신저로 일한다.

글자를 아주 잘 읽는 아이가 있었다. 영어 발음도 좋고 목소리도 컸다. 진호는 다른 데서 공부를 하다가 5학년 때 나와 같이 공부를 하기 시작했다. 대부분 진호와 같은 고학년 시기는 문법 공부를 해야 한다고 생각할 것이다. 하지만 진호는 영어책 읽기로 시작했다. 한 페이지에 한두 줄 있는 책으로 그림을 보면서 읽기를 시켰다. 큰 소리로 아주 잘 읽었다. 그런데 진호는 정말 재미있는 부분이 있어도 얼굴은 아무 표정이 없었다. 그래서 나는 책 내용을 영어로 질문해보았다. 또 우리말로 질문을 해보았다. 진호는 내용을 모르겠다고 했다. 그동안 진호는 글자를 읽었던 것이었다. 기계적으로 톱니바퀴를 돌리듯이 따라 읽는 연습만 한 것이다. 글과 그림의 의미를 알지 못한 채 앵무새처럼 따라 하는 것이 얼마나 답답했을까?

그날 이후 진호와 나는 영어책을 함께 읽었다. 왼쪽은 진호가 읽고 오른쪽은 내가 읽었다. 좀 웃긴 장면이 나오면 나는 조금 더 격한 모습으로 웃었다. 그러면 진호도 따라서 웃었다. 모를 만한 단어가 있으면 그 단어에 해당하는 그림을 집어주면서 아이의 표정을 관찰했다. 이렇게 3주 동안 일주일에 3번 얇은 책을 10권 정도 읽었는데 진호는 영어책 읽는 것에 조금씩 재미를 붙이게 되었다. 가끔 질문도 했다. 그림 속의 재미있는 단서를 나에게 설명도 해주었다. 그리고 책을 읽으면서 미소를 짓다가 결국에는 까르르 웃었다.

예전에는 책 읽기가 무척 어려웠다고 고백한다. 책을 아무 생각 없이 그냥 읽었던 것이다. 아이의 수준에 맞는 재미있고 호기심을 유발하는 책을 읽도록 도와주는 것은 무엇보다 중요하다. 흥미로운 책을 소리 내서 읽거나 상대방에게 읽어주기 또는 한 페이지씩 나눠 읽기 등은 지식으로 끝나지 않는다. 그 행위 자체가 좋은 경험이 된다. 그래서 그 경험은 또 읽고 싶은 충동을 불러일으킨다. 하지만 대화 없이 혼자 허리를 꼿꼿이 펴고 정자세로 글씨만 따라서 읽는 것은 책을 읽는 로봇이나 다름없다. 또한 지루하고 능률적이지 못하다.

가끔 나는 학부모님께 고등학생들이 공부하는 수능 영어 문제집을 보여드리곤 한다. 왜냐하면 글씨로 빽빽한 장문의 글들을 읽기 위해서는 초등학교 때부터 어떻게 책을 읽어야 하는가를 알 수 있기 때문이다. 그림책도 재미있지 않는데 어찌 글씨만 있는 책의 내용을 이해하고 풀 수 있을까? 무조건적인 암기는 지루하고 힘들다.

먼저 그림책을 다양하게 읽어야 한다. 그림을 파악하고 소리를 듣고 글씨를 보다 보면 아이는 상상의 날개를 펼친다. 상상력이 풍부해질 때 진정한 책 읽기의 재미가 더해진다. 그리고 더 많은 책을 읽고 싶어진다. 점점 재미가 더해지고 책을 읽는 권수가 늘어나면 리더스북이나 챕터북도 이해가 된다. 반복된 읽기로 아이는 책 속의 주인공이 된다. 그리고 책과 소통이 자유로워진다. 책과 소통을 한다는 것은 어떤 의미일까? 이야기 속으로 흠뻑 빠졌다는 것이다. 몰입으로 들어가면 더 이상 영어책 읽기는 학습이 아니다. 재미 그 자체인 것이다. 읽는 재미가 있어야 수능 문제와 같은 학습 영어를 공부하고 싶어질 것이다.

진호는 유아기 때부터 책을 많이 읽었다고 부모님께서 말씀하셨다. 다독도 물론 좋다. 하지만 개수 채우기식의 읽기는 오히려 해가 된다. 한 권을 읽더라도 재밌게 제대로 내용을 파악하면서 읽는다면 10권을 단숨에 읽는 것 부럽지 않다.

진호와 같은 성향의 아이는 혼자 영어책을 읽는 것보다 타인과의 소통이 중요했던 것 같다. 물론 책을 읽는 것이 경험 그 자체가 되어 언어를 습득하는 아이도 있다. 그러나 진호는 책과의 직접적인 소통보다는 선생님과 한 페이지씩 책을 나눠 읽고 놀이, 즐거움으로 마음을 열어 책을 읽는 즐거움을 맛보았다. 책은 타인의 강요가 아닌 읽는 그 자체이다. 바로 즐거움이다.

아이가 어떤 책과 친해지기를 바라는가? 쉽고 재미있는 책은 아이의 시선을 머무르게 한다. 나는 아이들에게 영어책을 읽힐 때 아이가 스스로 고를 수 있게 한다. 물론 너무 어려운 책이나 본인에 맞지 않은 레벨 지수를 주지는 않는다. 아이의 레벨에 맞는 다양한 책들을 바구니에 미리 준비해놓는다. 그러고 나서 읽고 싶은 책을 고르라고 한다. 아이는 책 하나하나를 탐색한다. 들어다 놓았다를 반복하다가 결국 재미있어 보이는 표지, 본인이 좋아하는 그림이 있는 책을 선택한다. 자신이 고른 책을 나에게 주며 기대에 가득한 눈망울로 바라본다. 아이는 책과 대화를 한 것이다.

책과의 소통은 표지의 그림만으로도 할 수 있다. 영어 제목과 그림을 보고 내용을 상상하고 예측할 수 있다. 나는 오늘 아이가 고른 책이 아이의 인생을 바꿀 수도 있다고 생각한다. 어떤 책에서 아이의 변화가 시작될지 모른다. 그러므로 다양한 책을 경험하게 해주는 것은 중요하다. 아이가 고른 책은 아이의 꿈을 찾게 도와준다. 그리고 그 책은 아이의 인생을 바꿔준다.

다음은 독서가 자신의 인생을 바꾸어놓았다고 말하는 벤 카슨의 이야기이다. 카슨은 미국 디트로이트의 빈민가에서 태어나 매우 힘든 생활을 했다. 그리고 학교에서 늘 꼴찌를 했다. 선생님에게 '가능성이 전혀 없는 아이'라는 소리를 들었다. 하지만 지금은 세계에서 가장 유명한 의사가 되었다. 사람들이 그에게 어떻게 그렇게 변할 수 있었는지를 묻자 카슨은 대답했다.

“내가 5학년 때까지는 아무도 내가 똑똑하다고 생각하지 않았어요. 그런 나를 바꾸어놓은 것은 바로 책이었지요. 독서는 청소년 시절 나의 가장 친한 친구였습니다.”

카슨의 성공 비결은 책 속에 숨어 있었다.

민서는 8살이다. 내가 민서를 처음 만났을 때 엄마는 민서가 좋아하는 것 등 아이에 관한 정보를 알려주셨다. 어떤 책을 읽혀야 할지 아이의 흥미를 주는 책이 무엇일지 고민하셨던 것 같다. 나는 민서와 일주일에 2번 만난다. 내가 민서를 처음 만났을 때 느낌이 아주 좋았다. 무엇보다 아이의 표정이 밝았고 장난기 있는 얼굴이 귀여웠다. 민서는 집중력이 높고 청각 기능과 시각 기능이 우수했다.

처음 책을 읽어주었을 때 아이의 반응이 재미있었다. 책 속의 그림을 보고 유일하게 큰 소리로 까르르 웃었기 때문이다. 아이가 이야기를 너무 재미있어 해서 계속 책을 읽어주다가 한 시간이 넘어버렸다. 아이와 나 둘 다 이야기 속으로 빠진 것이었다. 지금은 2학년이 되었는데 챕터북과 리더스북을 무리 없이 읽어나간다. 심지어 긴 책도 소리 내서 읽는다. 그리고 여전히 이야기의 반전이 있는 부분에서는 까르르 웃는다. 민서에게 영어는 또 하나는 친구처럼 느껴진다.

"독서는 외국어를 배우는 최상의 방법이 아닙니다. 그것은 유일한 방법입니다."

세계적인 언어학자, 스티븐 크라센 박사가 쓴 『읽기 혁명』의 한 구절이다. 우리나라와 같이 영어가 외국어인 환경에서는 영어책 읽기보다 좋은 방법은 없다. 그 속에서 다른 나라 문화를 배운다. 그리고 아이의 생각을 깊고 넓게 확장할 수 있다. 여러 책을 읽음으로써 다양한 사람들과 환경을 접하고 소통하는 장점이 있다. 또한 독서는 생각의 힘을 키워준다. 언어는 생각에서 시작된다. 그리고 생각하는 능력이 자라면 언어는 유창해질 수 있다. 그래서 우리는 독서를 꼭 해야 한다. 영어책 읽기는 총체적으로 생각하고 학습할 수 있다. 아이들은 영어 독서를 통해 자연스럽게 언어의 감각을 찾는다. 영어를 배울 때 독서는 언어 습득의 뿌리가 된다.

03

# 잘 먹고 잘 자고 잘 노는 아이가 이긴다

우리 아이는 초등학교 1학년 때 급성 부비동염 수술을 했다. 유치원을 갈 무렵, 매년 봄이 돌아오면 비염이 찾아왔다. 그래서 당연히 병원에 다니면 낫는다고 여겼다. 약을 먹는데도 점점 심해졌다. 여느 부모들처럼 최선을 다해서 아이를 간호했다. 하지만, 아이의 비염은 계속되고 코피까지 났다. 코피가 30분 이상 난 적도 있었다. 그때 너무 무섭고 초초했다.

지인의 도움으로 대학병원으로 진료를 옮겼다. 병원에서는 수술을 받아야 한다고 했다. 다행히 수술 후 완화되었다. 어린아이를 수술실에 들여보내는 부모의 마음은 경험하지 않으면 모를 것이다. 조절할 수 없는 울음과 함께 가슴이 찢어지는 느낌을 받았다.

나는 첫째가 태어나고 백일까지 돌보고 일을 계속 했었다. 친정엄마가 가까운 곳에 살고 계셨기에 가능했었다. 아이가 유치원에 들어가고 아침에 등원을 준비할 때 느리면 천천히 도와주지 못했다. 재촉을 하고 마음을 편안하게 해주지 못했다. 어느 날은 혼을 내기도 했다.

또 아이가 유치원에 가고 싶지 않다고 하면 걱정이 되었다. 아이가 유치원에 가야 내가 할 일을 할 수 있었기 때문이다. 그때 아이의 마음을 알아주지 못한 것이 후회스럽다. 아이는 유치원에서 종일반으로 6시까지 있어야 했다. 엄마가 일을 끝내고 데리러올 때까지 유치원에서 방과 후 수업을 했다. 어느 날은 아이가 대부분의 아이들처럼 3시에 끝나면 집으로 오고 싶다고 했었다. 이때에도 아이의 마음을 읽어주는 말을 해주지 못했다. 일을 하느라 마음의 여유도 없었고 아이를 대하는 방법도 몰랐던 것 같다.

아이가 초등학교를 들어가고 나는 깨달았다. 정서적으로 많은 결핍이 있었다는 것을 말이다. 엄마랑 더 있고 싶었을 텐데, 아이지만 나름 이유가 있었을 텐데, 아이 입장에서 아이의 생각을 들어주고 조율했어야 했는데, 그렇게 하지 못해서 미안했다. 그 후 아이에게 나는 울면서 사과를 했다.

"찬호야, 엄마가 미안해. 찬호의 마음을 잘 몰라줘서 미안해. 그리고 아플 때도 유치원에 보내서 미안해."

그 후 아이의 마음을 알기 위해서 책을 읽고 마음공부를 했다. 나의 첫 아이 찬호가 1학년 때는 지금도 잊을 수 없는 깨달음의 시기였다. 나는 배운 것을 실천해 관심과 사랑을 아끼지 않았고 찬호는 몸이 건강해졌다.

후천적으로 건강을 결정짓는 요소는 무엇일까? 여러 가지가 있지만 가장 중요한 것은 부모의 관심과 사랑이다. 아이가 충분히 정서적으로 만족되지 않으면 애정 결핍을 해소하기 위해 먹는 것에서든 수면에서든 바람직하지 못한 방향으로 흐르게 된다. 그러다 보면 병이 걸리기도 한다. 전적으로 찬호의 부비동염 수술이 나의 잘못이라고 볼 수는 없다. 하지만 심리 상태가 안정되지 않으면 병에 걸릴 확률은 훨씬 높다는 것을 알게 되었다.

찬호가 유치원 다닐 때, 찬호의 반 친구 소윤이가 있다. 소윤이는 친구 사귀는 것을 좋아했다. 친구들의 마음을 잘 아는 아이였고 잘 노는 아이였다. 엄마는 소윤이의 건강을 최우선으로 여겼다. 먹는 것, 자는 것, 노는 것을 우선으로 여기고 아이를 보살폈다. 나는 그때 좀 이해가 되지 않았다. 기본 학습을 시키는 것에 대해 관심이 없는 것처럼 보였다.

첫째를 키우는 엄마들은 자신이 어릴 적 본 대로 살아온 대로 하는 것이 정답이라고 여긴다. 지금 생각해보면 유치원 때 나는 아이에게 독서를 너무 강요했다. 그리고 아이의 마음보다는 기본 습관을 더 강요했었던 것 같다.

소윤이 엄마는 아이가 하고 싶지 않은 것은 시키지 않았다. 학원을 다니고 싶다고 하면 보냈다. 그러다가 아이가 힘들어하거나 가고 싶지 않다고 하면 다시 아이에게 안 가도 된다고 했다. 나는 그때 걱정이 되었다. '저러다가 아이 습관이 좋아지지 않을 텐데.' '아이를 꽉 잡아야 좋은 습관으로 이어질 텐데.' 하고 말이다. 이제 우리 아이들은 초등학교를 졸업하고 중학교 1학년이다. 지금도 소윤이를 보면 나는 아이들이 유치원 다닐 적 생각이 난다. 그리고 내 아이처럼 가슴으로 안아주고 싶다는 마음이 든다.

우리 엄마들은 기본생활 습관과 공부 습관을 어린아이에게 강요를 한다. 왜냐하면 불안해서이다. 유치원 아이들이나 초등학생들에게 기본생활과 공부 습관이 중요한 것은 누구라도 부인할 수 없다. 하지만 아이의 욕구를 충족시켜주는 것이 먼저다.

아이들은 잘 놀 권리, 잘 먹을 권리, 잘 잘 권리가 있다. 한마디로 자신의 욕구를 충족할 권리가 있다. 욕구가 충족되면 마음이 평온해진다. 그래서 자신이 해야 할 일이나 하고 싶은 일은 잘할 수 있는 힘이 생긴다.

지금 소윤이는 초등학교 때보다도 열심히 공부를 하고 있다. 지금도 더 놀고 싶은 마음은 있지만 엄마랑 상의를 했다고 한다. 중학교 때부터는 각 과목마다 계획을 세워서 공부하기로 말이다. 어떤 과목은 학원을 다니고 있고 어떤 과목은 인터넷 강의를 보고 집에서 공부를 하고 있다.

지금 소윤이가 중학생이 되어서 공부할 수 있는 힘은 어디서 나온 걸까? 아마도 초등학생 때까지 많이 놀고 즐긴 시간들이 있어서가 아닐까? 아이의 놀 권리를 발휘하게 하고 엄마가 믿어주었기 때문이다. 초등학생 때 굳이 공부를 하고 싶어 하지 않은 아이를 억지로 공부를 시키고 혼을 냈다면 지금의 소윤이가 있었을까?

윤호는 초등학교 6학년이다. 학원을 하루에 3~4개를 다닌다고 한다. 윤호는 영어 숙제를 해오는 날이 거의 없다. 그래서 나는 아이와 자주 대화를 한다. 숙제할 시간이 없는 건지, 아니면 숙제를 하는 것을 잊어버리는지 물어본다. 아이의 말은 숙제를 할 시간도 없고 잊기도 한다고 대답한다.

아이들의 스스로 학습을 위해서는 적절한 학원 스케줄과 집에서 집중할 수 있는 가정환경이 필요하다. 그런데다 윤호는 시간이 부족하다는 이유로 운동을 하지 못한다. 그래서 윤호는 수업시간에 앉아 있으면 집중하기를 힘들어한다. 그리고 숨쉬기조차 힘들어 한다.

나는 윤호 엄마에게 위의 내용을 조심스럽게 말씀드린다. 아이의 건강이 너무 중요하게 느껴지지 때문이다. 하지만 엄마도 아이도 운동의 필요성은 느끼는 것 같은데 학원 스케줄과 숙제를 중요하게 여기는 것 같다. 왜냐하면 운동을 시작하는 결정을 하지 못하고 있기 때문이다.

'건강한 몸에 건강한 정신이 깃든다.'라는 말이 있지 않은가? 학원을 다니지 않으면 엄마도 아이도 왠지 불안하다. 하지만, 아이의 기본적인 건강을 챙기는 것이 먼저다. 그래야 기본적인 학습 욕구가 솟아난다. 그런 후 스스로 공부하는 방법이 익혀지고 성적도 향상된다.

아이의 전반적인 건강 상태를 증진시키는 생활 습관을 만들어주는 것이 필요하다. 부모는 아이가 평생 건강한 몸을 만들고 유지할 수 있는 생활 습관을 만들어주어야 한다. 강요가 아닌 아이와 상의하면서 조금씩 생활 습관을 바꿔주는 것이 중요하다. 아이가 건강하려면 잔병 없이 잘 먹고 잘 자고 잘 뛰어 놀아야 한다. 그러면 아이는 정서적인 안정과 만족감을 느낄 수 있기 때문이다.

나는 잘 먹고, 잘 자고, 잘 노는 아이란 몸과 마음이 건강한 아이라고 말하고 싶다. 부모가 아이의 건강보다는 학습을 강요한다면 몸과 마음은 조화로울 수가 없다. 그것이 깨지면 정신 건강과 신체 건강은 악화된다. 다시 한 번 강조하면 아이는 잘 먹고, 잘 자고, 잘 뛰어 놀아야 잘 큰다. 아이를 유심히 관찰하고 아이의 욕구를 채워줘야 한다. 부모의 관심과 사랑 속에서 아이들은 가장 잘 성장한다. 이런 아이들은 학습 습관도 잘 잡히고 영어공부 또한 성공하는 것은 시간문제일 것이다.

04

# 영어를 처음 시작할 때는 듣기로 시작하라

우리가 모국어를 하기 전에 얼마나 많은 소리를 들었을까? 엄마, 아빠가 대화하는 소리를 먼저 들었다. 그리고 그들과 산에 갔다면 지저귀는 새소리를 들었을 것이다. 또 집으로 돌아오는 길에 음식점에 들러서 맛있는 음식을 먹으러 갔다면 그곳에서 주문하는 소리도 들었을 거다. 엄마는 맛있는 음식을 먹으면서 아이에게 말을 건다. 뱃속의 아이는 엄마의 말을 듣는다. 아이는 태어나기 전부터 자신의 의지와 상관없이 바깥 세상의 소리를 듣고 있다. 태어나서는 엄마의 얼굴을 본다. 아이는 엄마의 입술을 보고 관찰을 한다. 그리고 흉내를 내본다. 그러다가 "엄마"라는 말을 한다. 아이는 말 한마디를 할 때까지 엄마의 말을 듣기만 했다. 모든 아기들은 그런 과정을 거쳐 말을 하게 된다.

언어를 듣고 이해하며 말하는 능력은 귀로 듣는 것으로 시작된다. 그래서 영어를 꾸준히 들으면 머릿속에 입력된 영어가 쌓이고 조금씩 영어의 말소리를 감지하고 단어와 문장을 듣고 이해하는 능력이 생긴다. 일정 시간 후 입력이 차고 넘치면 자연스럽게 말을 하게 된다. 여기서 '일정 입력 시간'을 주목해봐야 한다. 위의 모국어의 경우를 보더라도 듣고만 있던 태아기 1년과 말하기 시작했을 돌 전까지 2년은 들어야 충분한 듣기를 한 것이라고 볼 수 있다.

나는 영어 노래 하기를 좋아한다. 결혼 전 극장에서 영화를 본 후 바로 테마음악을 검색했다. 그리고 그것을 100번 이상을 들었다. 영화의 감동적인 스토리와 함께 떠올리며 듣는 노랫소리는 아무리 많이 들어도 질리지 않았다. 이렇게 내가 좋아하는 음악을 들으며 영화와 세상의 아름다움을 나의 마음과 대화를 했다. 더불어 노래 속의 영어 가사를 떠올리며 좋은 표현을 자연스럽게 익히게 되었다.

결혼 후 아이를 낳았다. 아이 역시 엄마의 취미를 따라 음악을 듣고 춤을 추면서 영어 리듬과 노랫말 소리를 즐겁게 익혔다. 내가 노래를 하면 아이는 듣고 있다가 반복되는 후렴구 즈음에 같이 따라 불렀다. 그러다가 신나는 음악소리가 들리면 우리는 함께 춤을 추었다. 아이와 나는 음악과 하나가 되었다. 처음에는 내가 좋아서 시작했지만 그 후로는 아이가 원해서 영어 음악을 틀었다. 매일 반복되는 일상이었고 아이와 좋은 추억이 되었다. 이는 아이와 영어로 노래를 하고 즐기기까지 수없이 많이 들었기 때문에 가능한 일이었다.

이제 우리는 충분한 듣기가 영어 기초를 튼튼하게 쌓는 일이라는 것을 알았다. 그런데 마음이 조급해지면 듣기는 뒷전으로 물러나기도 한다. 단기간에 눈으로 확인 가능한 결과를 만들어내야 하는 곳으로 말이다. 학원이나 과외수업을 받은 지 불과 몇 개월 만에 아이가 기특하게 영어 말하기와 쓰기를 제법 잘하는 듯 보인다. 학원과 학교의 시험에서 좋은 점수를 받아 엄마 아빠의 마음을 흡족하게 한다. 눈으로 보이기에는 빠른 결과 같다. 하지만 충분한 시간을 갖고 듣기를 병행한다면 진짜 제대로 된 실력이 될 것이다.

듣기를 지속적으로 하기 위해서는 어떻게 해야 할까? 지나치게 학습적인 관점으로 접근하지 않는 것이다. 그렇게 되면 영어 듣기는 지루하고 힘든 공부가 된다. 무엇이든 진짜 오랜 시간에 걸쳐 꾸준히 열심히 해야 한다. 그러려면 즐기는 것이 최고다. 하지만 대다수의 아이에게 영어 듣기가 인내심을 가지고 억지로 해야 하는 어려운 공부가 된다.

흘러넘칠 만큼 충분한 듣기에 성공하려면 영어 듣기가 아이에게 놀이와 오락이 되어야 한다. 재미있고 즐거워 매일 계속하고 싶은 일이 되어야 한다. 그래야 가장 멀리 그리고 가장 빠르게 갈 수 있다. 그 과정이 아이와 엄마에게 행복한 경험이 된다.

둘째인 우리 딸은 온라인 영어로 매일 영어 동화 듣기를 한다. 소연이는 책 읽는 것을 힘들어하지는 않는다. 그렇다고 즐기지도 않는다. 아직은 때가 안 된 듯 보였다. 정적인 것보다는 몸을 움직이며 경험하는 것을 좋아한다. 그래서 아이는 가만히 앉아서 영어책을 읽는 것을 힘들어 했다. 고민 끝에 영어책도 읽고 그 속에서 다양한 활동이 포함된 프로그램으로 듣기를 하고 있다. 초기에는 하루에 10분 정도로 시작했다. 이 프로그램은 단어 학습이 재미있는 것을 좋아하는 아이들에 맞게 게임 활동으로 이루어져 있었다. 그리고 문장 학습도 다양한 응원소리와 함께 액티비티하게 진행된다. 응원소리는 다음과 같다.

"Good job! Excellent! Incredible! Well done! Fantastic! Amazing! Remarkable!"

이 칭찬의 소리와 함께 아이는 다행히 시간 가는 줄 모르고 즐기게 되었다. 우리 아이에 맞는 청취학습을 아이와 함께 찾고 선택해주어야 한다.

듣기를 재밌는 방법으로 할 수 있는 또 다른 방법이 있을까? 아이가 좋아하는 영어 그림책과 동화책을 꾸준히 읽어주는 것이다. 엄마의 상황에 맞게 읽어주는 것이 포인트다. 엄마가 직접 읽어주는 시간을 정해서 매일 꾸준히 실행하는 것이 좋다. 그렇지 않다면 다양한 매체(유튜브에는 영어책 제목만 치면 음원을 찾을 수 있다.)를 활용하는 것이다. 매체를 사용하더라도 의무에 의해서가 아니고 아이와 정서적 교류로 이어지는 것이 중요하다.

아이를 관찰하고 적재적소에 대화를 하는 것이다. 재미를 느끼면서 읽는지 어떤 주인공을 좋아하는지를 관찰하라. 그리고 "엄마는 남자 아이 캐릭터가 좋은데, ○○이는 어때?" 하고 가끔 물어준다. 아이의 생각을 인정해주는 작업은 아이 자신이 무엇을 좋아하고 느끼고 있는지를 터득하게 해준다. 이 또한 엄마 스스로 즐거워야 한다. 혹시 그렇지 않다면 다른 방법을 찾아야 한다.

나는 영어 수업을 할 때 아이를 관찰한다. 아이가 학습할 때의 몸짓이나 표정을 자세히 본다. 눈빛을 유심히 보기도 한다. 재미를 느끼는 아이는 표정이 밝다. 그리고 귀를 기울인다. 그리고 이야기 속으로 빠져 들어간다. 그렇지 않은 아이는 딴청을 피우거나 표정이 어둡고 눈빛이 고정되어 있지 않다. 그래서 이런 아이에게는 호기심을 유발하도록 적절한 액션과 질문을 해서 듣기에 집중할 수 있도록 도와준다.

또 하나의 듣기에 빠져들도록 하는 방법은 영어 동영상을 활용하는 것이다. 지금은 디지털의 발달로 스마트폰이나 TV를 켜면 영어 동영상을 많이 접할 수 있다. 오히려 너무 많아서 고르기가 힘들 수 있다. 다양한 정보 속에 내가 가장 좋아하는 프로그램을 직관적으로 선택하는 것이 중요하다. 남의 의견을 듣다 보면 더욱 혼란스러워진다. 여기저기 다니다가 시간이 낭비되기도 하다. 자신의 경제 사정에 맞게 어느 정도 회비를 내고 진행하는 것을 추천한다. 그러면 '투자를 하고 얻는다.'라는 관점에서 바라보면 한 가지 프로그램을 더욱 지속 가능하게 해준다. 또한 동영상을 볼 때 아이와 함께 해주면 정서적으로 도움이 된다. 엄마와 함께 하고 있다는 것을 무의식적으로 느끼게 될 것이다.

어느 날 학부모님께 전화를 받았다. 아이에게 듣기를 해주고 싶은데 무엇을 어떻게 해야 할지 모른다고 했다. 나는 아이의 나이와 비슷한 주인공들의 모험담을 담은 이야기를 권해드렸다. 자신과 같은 또래 아이들의 이야기가 펼쳐지면 마음이 동요가 되고 그 속으로 빠져든다. 상상 속에서 주인공과 아이는 함께하게 된다.

1, 2학년 아이들에게는 학교 생활이야기나 가족이야기가 도움이 된다. 3, 4학년은 친구들에 관한 이야기를 좋아한다. 5, 6학년도 친구에 관한 이야기나 성장 과정에서의 고민과 갈등 이야기를 다룬 스토리들이 아이들에게 동

질감을 선사해준다. 아이가 헤쳐나가기 어려운 일이 있다면 나만 겪는 일이 아니라 모두가 똑같은 삶을 살아가고 있다는 것을 깨닫게 된다. 그리고 마음이 편안해진다. 이렇게 하면 영어와 쉽게 친해지고 영어 말소리도 구분해 듣게 된다. 아는 단어도 하나둘 늘어나고 문장 구조도 점점 익숙해져 신기하게도 영어로 듣고 이해할 수 있게 된다.

우리 아이는 영어를 처음 시작할 때 듣기로 시작하고 지금까지 충분한 듣기를 실천하고 있는가? 영어는 귀에서부터 시작된다. 이는 듣기를 통해 유창한 영어 실력이 갖추어지기를 원한다면 아무리 급해도 듣는 것부터 시작해야 한다는 것을 의미한다.

우리는 마음의 조급함과 불안함이 들 때 듣기의 중요성을 잊는다. 특히 다른 아이에 비해 늦었다고 생각되면 더욱 불안해진다. 그래서 한꺼번에 많은 것을 해결하고 싶은 유혹이 생긴다. 듣기부터 제대로 하려면 시간도 걸리고 속도도 느린 것 같아 답답하다. 또 다른 아이들과의 경쟁에서 뒤처지지 않을까 하는 우려가 생긴다. 이때 꼭 기억할 것은 듣기부터 제대로 하는 것이 결국 가장 빨리, 가장 멀리 갈 수 있는 방법이라는 것이다. 이것이 내가 직접 현장에서 아이들을 가르치면서 확인한 영어 문제 해결의 유일한 방법이다.

05

# 영어에는 왕도가 없다! 조급함은 금물!

“영어 숙제 또 못 해왔어? 이렇게 반복되면 영어 실력은 향상되지 않아. 오늘까지 봐주고 다음부터는 숙제를 해오지 않으면 두 배로 내줄 거야!”

나는 20대부터 영어교육을 해왔다. 그땐 아이들에게 책임감이 중요하다고 말했다. 나이가 들고 아이들을 기르면서 나는 영어교육에 대한 생각과 믿음이 바뀌었다. 40대 전에는 ‘어떻게 하면 아이들의 영어 실력을 올릴 수 있을까’ 고민했다. 그러다 보니 공부하는 아이들이 힘들어 할 때 위로를 해주지 못했었다. 나도 노력에 비해 성과가 없을 때는 기운도 쳐지고 어깨도 내려갔다. 그래서 문제해결에 초점을 두고 하나하나 해결해갔던 때가 있었다. 그땐 그것이 나와 학부모 그리고 공부하는 아이를 위해서 최선이라고 생각했다. 그러면서 몸과 마음에 힘을 주고 교육을 하니 하루하루가 긴장의 연속이었다.

이젠 마음의 여유를 가지고 아이들은 대한다. 아이들이 '어떻게 하면 지치지 않을까?', '어떻게 하면 자신감을 유지하면서 영어를 공부할 수 있을까?'를 고민하게 되었다.

엄마도 교사도 그리고 공부하는 아이도 영어를 할 때 조급함을 버리는 것이 우선이다. 우리는 '영어는 즐기는 것'이 아닌 하나의 '커다란 숙제'처럼 느낄 때가 있다. 숙제는 빨리 해놓아야 마음이 편하다. 하지만 영어가 숙제라는 마음을 버려야 한다. 우리는 진학을 위해서, 취업을 위해서 또는 진급을 위해서, 아니면 해외에 나가서 막힘없이 영어 회화를 구사하기 위해 영어를 배운다. 보통 학교 교육과정에서 초등학교 3학년부터 고등학교 3학년에 이르기까지 10년이라는 세월동안 영어를 배운다. 그러나 많은 아이들이 영어가 어렵고 즐겁지 않다고 호소한다.

왜 이렇게 시간을 들여 노력하는데 어렵게만 느껴질까? 근본적인 이유는 영어가 우리말이 아니기 때문이다. 영어는 길거리를 지나갈 때 쉽게 들을 수 있는 '우리말 노래 가사'처럼 편해야 한다. 그러나 우리 아이들은 영어를 학문으로 접근한다. 학교 교육은 생활로 받아들여지기란 참으로 어려운 상황이다. 어린아이들이 모국어를 배울 때를 생각해보자. 누가 특별히 문장 구조나 문법을 알려주지도 않았는데 시간이 지나면 곧잘 모국어를 능숙하게 사용한다. 이는 아이들에게 언어는 공부해야 얻을 수 있는 하나의 능력이 아니다. 생활 속에서 자연스럽게 배우는 것이다. 우리 아이가 영어가 어렵다고 느껴진다면 지금 어떻게 영어공부를 하고 있나 잠시 멈추고 봐야 한다. 언어는 많이 보고, 많이 들을수록 몸에 익혀진다. 그리고 그 감각을 활용하여 학문으로 접근할 수 있다.

1학년인 영주는 엄마와 함께 TV 보는 것을 즐긴다. 엄마는 아이가 좋아하는 영어 프로그램 '밀리 몰리'를 핸드폰에 있는 '미러링 기능'(유튜브에 영상 제목 '밀리 몰리' 넣고 스마트폰으로 TV와 연결하여 보기)을 이용해 20분 정도 같이 본다. 밀리와 몰리는 친한 친구인데 일상생활 속에서 여러 경험을 한다. 학교에서 친구들 함께 놀면서 지내는 이야기, 이웃과 서로 도우며 사는 이야기, 집에서 생일 파티를 하는 이야기 등 다양하다.

아이 혼자서 영어 듣기를 향상시키기 위해서 TV를 보는 것이 아니다. 엄마는 TV를 같이 시청하며 중간중간 아이와 생각도 주고받는다. 그런 후 10분 정도 CNN 등 해외 뉴스를 접해준다. 엄마도 아이도 공부라고 생각하지 않고 다양하게 영어를 언어로 사용하는 나라나 세계의 뉴스에 대해 이야기를 한다. 비록 아이와 함께하는 시간이 30분 정도이지만 영어와 조금 더 가까워지는 시간이 된다.

우리는 어느 곳에서든지 인터넷을 통해 가족과 함께 어린이 프로를 보거나 세계의 뉴스를 보고 들을 수 있다. 처음에는 들어도 무슨 말인지 모른다. 언어를 처음 배우는 아이들처럼 말이다. 모국어를 익히는 아이들에게 처음 듣는 말과 글은 지금 영어를 공부하는 아이들의 상황과 똑같다. 도대체 소리는 들리는데 무슨 의미인지 모른다. 하지만 아이들에게 그것의 의미는 무엇인지 별로 중요하지 않다. 또 모른다고 해서 틀린 문제 풀듯이 해답을 찾지 않아도 된다.

영상을 반복적으로 보면서 이야기 상황이 반복됨에 따라 눈치도 생긴다. 그리고 대략 '이런 의미겠구나.'라는 생각을 한다. 그 후 정확한 의미에 다가간다. 영어가 우리말과는 다른 문장 구조를 가지고 문법 규칙도 다르기 때문에 분명 처음에는 그 의미를 파악하기란 불가능하다. 하지만 보고 듣는 과정을 계속 반복하다 보면 어느 순간 의미가 파악되는 경험을 하게 된다. 이것이 느린 아이는 좀 더 기다려주거나 힘들어 할 때는 힌트를 주는 방법도 활용하면 좋을 것이다.

8살인 현이는 매일 온라인을 이용해 영어 동화책을 읽는다. 15분 정도 컴퓨터나 패드를 이용해 액티비티를 하며 영어책을 정독을 한다. 그 후 읽고 싶은 책을 다독관에서 골라서 읽는다. 또한 영어 동화책을 넘기며 낭독을 한다. 꾸준한 책 읽기로 현이는 영어책을 이해하며 무리 없이 읽어나간다. 재미있는 책은 웃으면서 대화를 할 수 있는 정도의 수준이 되었다. 현이를 보면 조급해하지 않고 매일 꾸준히 하는 힘은 언젠가는 꼭 실현된다는 것을 알 수 있다.

'천재란 인내다.'

조르주루이 르클레르 뷔퐁은 프랑스의 철학자이자 박물관학자로 프랑스 왕립식물원 원장을 지내며, 동, 식물에 관한 많은 연구를 했다. 그가 『박물지』라는 총 44권의 책을 엮어서 냈을 때, 사람들은 깜짝 놀랐다. 그리고 "뷔퐁이야말로 천재다."라고 입을 모아 말했다. 이에 뷔퐁은 말했다.

"그건 오해입니다. 나는 평생을 박물학에 바친 사람입니다. 내가 얼마나 열심히 자료를 모으고 실험을 했는지 안다면 그런 말을 하지 못할 것입니다. 나는 천재가 아니라 인내를 가지고 노력한 사람입니다."

천재로 불렸던 뷔퐁의 업적들은 인내가 만들어낸 결과였다.

나는 20대에 영어를 처음 공부할 때 영어는 무작정 외우는 것이라고 생각했던 적이 있다. 그래서 '영어 문장 1,000개 이상 외워서 6개월만 따라 하면 영어 달인이 된다.', '영어단 어 속성 암기법 비결!', '한 달에 3,000개 암기', '필수 영어 문장 500개 외우기 – 6개월 완성' 판매 광고에 혹하여 반 정도 공부하고 덮은 책들이 많다. 누구나 한 번쯤은 이런 경험이 있을 것이다. 마음을 조급하게 먹으면 속성 비법에 흔들린다.

21세기는 상상력과 창의력이 뛰어난 인재를 원하고 있다. 그 상상력과 창의력이 나오는 근원적인 영어를 공부하는 방법은 무엇일까? IT의 천재이자 마이크로소프트 회장 빌 게이츠는 자녀가 진정으로 영어로부터 자유로워지기를 원한다면 '암기'가 아닌 '이해'의 공부법을 시작해야 한다고 말한다. 이해를 하기 위해서는 속성 비법이나 암기로 가능하지 않다. 스토리가 있어야 한다. 책 읽기나 영화 등으로 내용을 이해하고 연습을 반복하는 충분한 시간을 투자해야 영어가 언어로서 발현된다고 생각한다.

영어를 아이에게 시킬 때 꼭 버려야 할 것은 바로 조급함이다. 영어는 한 번 듣고 한 번 읽는 것만으로 절대 되지 않기 때문이다. 아이의 성향을 살려서 영어를 자주 접하게 도와준다면 결국 영어를 모국어처럼 받아들일 수 있다. 아이들의 선호도는 나이, 계절, 상황 등에 따라서 변화한다. 그래서 부모는 아이가 관심 있어 하는 것이 무엇인지 관찰하여 접하게 해주어야 한다. 영어책, 영화, 애니메이션, 팝송 등을 시기에 맞게 제시하여 아이가 선택하게 한다. 그리고 아이와 함께 즐기거나 아이 스스로 행하도록 차근차근 도와주기 바란다. 그러면 조급함은 사라지고 우리 아이의 속도에 맞게 꾸준히 생활 속에서 자연스러운 영어를 만나게 될 것이다.

"로마는 하루아침에 이루어지지 않았다."

미겔 데 세르반테스가 그의 소설 『돈키호테』에 인용한 프랑스 속담이다. 로마가 세계에서 가장 크고 강한 나라였을 때, 많은 사람들이 로마를 부러워하며 로마 시민이 되기를 원했다. 하지만 로마가 처음부터 크고 강했던 것은 아니었다. 문학과 예술, 민주 정치를 위한 시민들의 노력 덕분에 크고 강한 나라가 될 수 있었다. 이미 이루어진 것을 보면 쉽게 이룬 것처럼 보인다. 하지만 이는 모든 것들이 오랜 인내와 결실이라는 것을 로마에 빗대어 말하고 있다.

06

# 억지로 영어를 시키지 마라

"수연이 사춘기야."

"옷을 일주일에 한 번은 꼭 사 달라고 하네."

"머리를 하루 종일 빗어."

"소중하게 여겼던 인형들을 모조리 베란다에 내놓았어."

"학교 끝나고 집으로 바로 왔던 아이가 요즘은 매일 친구랑 논다고 전화가 와."

"요즘은 거울공주가 되어 얼굴과 외모만 신경을 써."

→ '사춘기가 맞구나.'

"내가 하라고 하니까 억지로 책을 보긴 하는데, 이렇게 계속하는 게 맞나 싶어서."

"나도 영문학과를 졸업했는데 내 아이 정도는 책 읽기로 성공시키고 싶은데 잘 안되네."

"억지로라도 시켜야 나중에 엄마에게 고마워하지 않을까?"

"시키자니 머리 아프고 안 시키자니 뒤처지는 것 같은 이 느낌 뭐지?"

→ '엄마가 힘들구나.'

초등학교 동창인 수연이 엄마는 사춘기 딸을 키우느라 살이 다 빠졌다. 1, 2학년 때는 한글공부로 바빠서 영어공부 시작을 못한 것이 아쉽다고 했다. 그리고 3학년 때는 본격적으로 영어공부를 시키고 싶었다. 그렇지만 그녀는 갱년기로 신경이 예민한 데다가 건강까지 좋지 않아 아이들 신경을 쓸 수 없었다. 그래서 4학년이 되어 영어를 시작하기로 마음먹고 단어 공부와 책 읽기를 시작했다. 수연이와 함께하는 영어공부가 힘들다고 하소연하는 '톡'을 나에게 보냈었다.

나는 바로 답장을 남겼다. 억지로 영어책 읽기를 시키다가 아이와 관계 회복이 길어졌던 사례들을 많이 만났었기 때문이다. 특히 사춘기를 겪고 있는 아이는 사춘기 호르몬 변화로 감정의 기복을 겪고 있다. 그래서 힘든 시간을 보내고 있기 때문에 억지로 공부를 시키는 것은 아주 위험한 행동이다.

“강제적이고 수동적인 학습은 효과 없어. 스스로 학습하지 않으면 기억에서 금방 사라지거든. 억지로 학습을 하게 되면 아이들은 혼나지 않기 위해 학습을 하게 돼. 불쾌한 자극이나 부정적인 꾸중을 회피하기 위해 책을 읽는 척하는 거야. 일시적으로 아이 자신에게 오는 부정적인 자극을 피하려고 바람직한 행동을 하는 거지. 아이뿐만 아니라, 우리도 하기 싫은 것을 계속하라고 하면 더 하기 싫고 피하고 싶잖아. 관심이 없는데 계속 하라고 강요하면 잔소리, 꾸중이라는 부정적 피드백과 학습이 더해져서 공부는 부정적인 것으로 인식되고 학습을 회피하고 거부하게 돼. 이런 과정이 계속 반복되면 학습은 부정적인 것이라는 기억이 계속 남아 있어서 회복이 어려울 수 있지. 마치 트라우마처럼.”

친구는 학원을 보낼 마음은 있지만 경제적으로 어려워서 집에서 공부할 해결책을 얻고 싶어 했다. 나는 한참 동안 고민하고 조심스럽게 톡을 보냈다.

“아이에게 선택권을 주고 아이에게 계획을 물어보고 시작하는 건 어때? 읽고 싶은 책으로 시작하는 거야. 책 1권 읽기나 내용이 길은 것은 10쪽 읽기 등 구체적으로 미션을 정해주고 아이의 선택에 맡겼으면 해. 수연이는 예전부터 자신이 하고 싶은 것은 스스로 선택하고 행한 다음 칭찬 받는 것을 좋아했잖아. 아이들은 자신이 선택한 것은 지키려고 노력하지. 그 선택에 대해 책임감이 조금씩 형성되면서 누가 옆에서 시키지 않아도 스스로 학습하는 습관으로 이어질 거야. 우리 수연이를 믿어보자."

수연이는 지금 6학년이다. 4학년부터 5학년까지 집에서 영어책을 읽었다. 자신이 선택하고 원하는 책을 읽으면서 2년을 보냈다. 지금은 가정형편이 좋아져서 친구와 함께 학원에 다닌다. 사실 지금도 학원에서 많은 숙제를 내면 짜증도 내고 골도 부리는 정상적인 어린이다. 학원에서는 수연이에게 선택권을 준다고 한다. 대신 약속을 꼭 지키고, 약속을 지키지 않으면 선택권이 없어진다는 것을 아이가 알고 있다.

내가 20대에 영어를 가르쳤던 아이 생각이 난다. 외국어 학원에 근무했었는데 여러 선생님께서 말씀하셨다. "선생님, K 때문에 힘드실 거예요."라는 말이었다. 선생님이 과제를 내줄 때마다 "왜 해야 해요?", "안 배운 단어를 왜 외워요?" 하고 되묻는다. 어떤 때는 뜬금없이 "영어는 왜 공부하나요?", "영어는 누가 만들었어요?", "언제까지 영어공부를 계속해야 하나요?"라고 질문을 한다.

나는 K라는 아이를 호기심을 가지고 대했다. 왜냐하면 이렇게 질문하는 아이는 처음이었기 때문이다. 선생님 입장에서는 반갑지만은 않은 아이였지만, 무슨 이유가 있을 것 같아서 쉬는 시간마다 밝은 웃음으로 관심을 주었다. 때때로 요즘 힘든 것은 없는지 학교에서는 어떻게 지내는지 말도 걸었다.

그리고 한 달 정도 아이를 겪어보았다.

그 결과 알게 된 것은 K는 자신이 납득하지 못하는 것을 억지로 하도록 강요받는 걸 싫어하는 아이였다. 아이의 성향을 파악한 나는 K에게 "영어책에 나오는 단어를 외워 오자."라고 말하지 않고 "단어 몇 개를 외우고 싶어?"라고 먼저 질문을 했다. 그러면 K는 자신이 그날 배운 단어를 쭉 읽어보고 모르는 것을 질문한 후 일정 숙제 분량을 정했다. K는 약속을 아주 잘 지켰다. 숙제를 내줄 때도 통보하기보단 분량을 정한 후 "이 정도는 복습하고 외워올 수 있어?" 하고 묻는다. 그리고 원래 계획했던 만큼 과제를 해오도록 유도했다. 뭔가 하라고 지시할 때도 반드시 이유와 결과를 함께 설명해주었다.

우리 아이는 어떤 성향의 아이인가? 억지로 영어를 시키면 거부하는 아이인가? 강요받는 것을 싫어하는 학생이 공부를 스스로 할 수 있게 하려면 어떻게 해야 할까?

우리는 아이들의 선택을 믿어야 한다. 아이 스스로 결정하고 선택할 수 있도록 지도해야 한다. 대화를 통해서 왜 해야 하는지 이해를 시키고 선택을 믿어주는 것이 우리가 할 일이다. 그리고 그것을 하면 어떤 결과를 낳게 되는지도 설명한다.

억지로 하는 것을 싫어하는 아이는 스스로 납득이 갔을 때 행동을 한다. 오히려 시키는 것을 싫어하는 아이가 자기주도력이 잠재해 있는 경우를 종종 마주친다. 이런 아이에게 선택권을 주고 책임감을 가르친다면 학년이 올라갈수록 스스로 결정해서 학습하는 실행력이 강한 아이로 자랄 것이다. 그러니 우리는 아이에게 억지로 영어를 시키지 말아야 한다.

07

# 영어를 시작하는 구체적인 목표를 세워라

'영어에 미쳤다.'라는 소리를 들을 만큼 영어공부에 집중하던 시골 소년이 있었다. 어린 시절 그는 외교부 장관의 강연을 듣고 '전 세계를 누비며 이 나라를 위해 일하는 사람이 되겠다.'라는 꿈을 꾸었다. 그리고 고등학교 시절 미국 정부가 주최한 전국 영어 말하기 대회에서 우수한 성적으로 입상해 미국행 비행기에 오른다. 그곳에서 만나게 된 존 F. 케네디 대통령에게 자신은 외교관이 될 거라고 당당하게 포부를 밝힌다. 그리고 2006년 10월 마침내 유엔 사무총장에 임명되어 자신의 꿈을 실현하게 된다. 이 소년이 바로 반기문 유엔 사무총장이다.

우리는 반기문 사무총장의 일화를 통해 '어릴 때부터 자신만의 확고한 목표와 꿈이 있어야 지치지 않고 꾸준한 노력을 기울일 수 있다'는 교훈을 배울 수 있다. 그리고 그의 스토리는 21세기를 살아가는 우리 아이들에게 진정성 있는 내적 동기를 발휘하게 해준다.

12살 승원이는 꿈이 있다. 그래서 미술학원에 다니고 있다. 또한 영어를 좋아하고 열심히 노력한다. 처음부터 승원이가 영어를 좋아하지는 않았다. 나를 만났을 때 말이 없고 아주 적은 미소를 짓는 아이였다. 아이는 항상 무언가 답답함을 느끼는 것 같아 보였다. 그리고 어미를 잃은 어린 새처럼 슬퍼 보이기도 했다. 다른 영어 학원을 다니다가 두 달 정도 쉬고 나를 만났다. 수업을 할 때 힘든 일이 있어도 내색하지 않을 정도로 내성적인 아이였다.

어느 날, 승원이 엄마는 나에게 전화를 주셨다. 그래서 승원이가 힘든 점을 공유하게 되었다. 대부분 아이들의 심정을 잘 파악하던 나인데 미안하게도 승원이가 힘든 것을 눈치 채지 못했다. 아이의 입장에선 숙제가 많다고 느껴졌나 보다. 그래서 숙제를 조금 줄여줬다. 숙제를 줄였을 뿐인데 아이는 표정이 밝아졌다. 승원이가 기뻐하는 모습을 보니 나도 기분이 좋아졌다. 그런데 약간 걱정이 앞섰다. 이제 5학년인데 영어 수준이 낮은 편이라 숙제 양을 줄이면 그만큼 영어공부가 장기전이 되기 때문이다. 그래서 조금씩 양을 늘리는 작전이 필요했다. 그래서 나는 승원이에게 구체적인 목표를 세워줘야겠다고 다짐했다.

그래서 내가 만든 것이 목표 관리 시트이다. 노트북을 켜서 바로 장기 목표를 타이핑했다. 승원이는 레고 디자이너가 되고 싶다고 수줍게 말한다. 그리고 페라리 자동차 회사에서 자동차를 디자인하고 싶다고 했다. 나는 자동차에 대해 잘 모른다. 그날 승원이의 말을 듣고 검색해서 알게 되었다.

"외국 차를 디자인 하려면 그 나라에 가서 일해야겠네. 전 세계 공통어가 뭐지?"

이렇게 물으니 "영어요."라고 대답한다. 그래서 우리는 계획을 짰다. 지금부터 영어책을 읽고 말하기 연습을 해서 영어 실력을 늘리기로 약속을 했다. 또한 단기 목표는 '영어책 읽기 100권 도전'으로 정했다.

나는 아이들에게 '독서를 해야 돼.'라고 말하며 독서의 중요성만을 강조하지는 않는다. 이는 옷장 속의 입지 않는 옷이 아주 멋진 것과 같다고 생각한다. 체율체득하려면 학습자가 좀 더 진취적으로 생각하고 스스로 결정하는 것이 바람직하다. 즉 학습자의 자발적 생각과 행동을 이끌어내는 것이 진정한 교육이라고 생각한다.

큰 목표를 설정하고 그에 맞는 작은 목표를 물어봐주는 것만으로도 아이는 자신의 장기 목표와 그 목표를 달성하기 위한 단기 목표를 세운다. 그 다음으로는 장기 목표와 단기 목표를 달성하기 위해서 오늘 반드시 해야 할 일을 알려주었다. 스케줄표에 매일 해야 할 분량의 숙제를 적어주었다. 승원이는 아주 성실한 아이였다. 하루도 빠짐없이 그날 해야 할 공부를 끝까지 마친다.

승원이를 생각하면 뿌듯하다. 영어를 공부할 구체적인 목표를 세운 후 숙제 양을 늘렸는데 투정을 하지 않고 열심히 하고 있다고 부모님께서 전화를 주셨다. 영어학습의 목표 설정으로 아이가 즐겁고 행복해하니 더불어 나도 에너지가 밝아지고 마음이 흡족했다.

3학년 여름에 만난 정호는 책상에 앉아 있을 때 뾰로통한 얼굴로 질문을 한다.

"선생님, 영어는 누가 만들었어요?"
"영어공부는 왜 해요?"
"오늘은 뭐를 또 해야 하나요?"

나는 정호에게 그냥 칭찬을 해준다. 누구나 그런 생각을 할 수 있지만 그 생각을 말하지 않기 때문이다. 나는 진심으로 그런 정호에게 멋지다고 말해 주었다. 그 후 정호와 함께 대화할 시간을 계획했다. 요즘 힘든 일이 있는지도 궁금했고, 하루하루 영어공부가 어떤지도 물었다. 친한 친구는 누구이고 잘하는 과목이 무엇인지 알게 되었다. 또한 정호는 영어공부가 재미없다고 했다. 그리고 요리사가 되고 싶다고 했다. 나는 바로 노트북을 열고 정호의 목표관리 시트를 작성했다. 멋진 정호의 장기 목표는 '세계적으로 유명한 요리사'라고 적었다. 그리고 글로벌한 요리사가 되기 위해 노력해야 할 것은 '온라인 영어학습을 빼먹지 않고 매일매일 하기'로 타이핑을 쳐주었다.

아이와 이런저런 대화를 나눈 후 고개를 끄덕일 때마다 나는 학습 계획을 써내려갔다. 초등학생에게는 공부 습관이 중요하다. 그래서 한 번에 많은 양의 과제보다는 매일 조금씩 하는 것을 추천한다. 이는 스트레스를 보다 적게 받고 즐겁게 공부할 수 있는 습관으로 이어지기 때문이다.

'정호는 왜 영어가 재미없었을까? 영어공부를 왜 해야 하는지 이유가 필요했기 때문이 아닐까?'

난 모든 일에 있어서 궁금증을 갖는 것을 문제해결의 큰 열쇠로 본다. 큰 배가 가야 할 길을 찾기 전에 방향을 잡는 마스터키라고 생각한다. 아이의 입장에서는 '난 요리사가 되고 싶은데 왜 영어를 공부해야 할까?'가 정확히 맞는 이치다. 아주 귀엽다. 하지만 꿈을 세계적인 요리사로 크게 바꾼 후 정호는 영어를 공부해야 하는 이유를 찾은 것이다. 난 남들과 다른 생각을 표현하는 정호가 너무 대견해서 안아주었다.

또 한 명의 목표 관리 시트 성공자는 중학교 3학년인 인수다. 중학생이 되자 사춘기가 심해지고 영어공부를 지겹게 여겼다. 인수의 형을 키워본 엄마는 '아이가 싫어한다고 하지 않게 하는 것'은 무모하다고 생각하셨다. 그래서 사춘기가 지나가길 기도하면서 아이를 2년 반 동안 격려하고 지지해주셨다. 현명한 엄마가 있어 인수가 사춘기라는 긴 터널을 무사히 지나갈 수 있어서 참 다행이다.

나는 인수를 초등학교 4학년 때부터 만났다. 언어감각이 아주 좋은 아이였다. 영어 동화책 내용을 잘 이해했다. 또 레벨 업을 해도 한계 없이 잘 해나갔다. 그래서 초등학교 5학년 때부터는 문법과 쓰기를 병행했다. 인수는 7살 때부터 고모의 도움으로 바이올린을 연주했다. 지금은 중3인데 연습량을 채우느라 영어 수업을 일주일에 한 번밖에 하지 못했다. 그래도 그동안 미리 영어공부를 꾸준히 해놓아서 학교 시험은 문제가 없었다.

인수의 장기 목표는 바이올린을 연주하는 음악 선생님이다. 나는 다른 아이와 조금 색다르게 '음악 선생님'이 된 인수를 머릿속에 떠올리라고 했다. 상상 속으로 들어가서 미래의 나의 모습을 보는 것이다. 그리고 기분을 느껴보면 나의 목표에 한 걸음 더 나아갈 수 있게 도와준다. 그리고 머릿속에 떠오르는 것을 말해달라고 했다. 인수의 말을 내가 적어주었다.

'난 음악 선생님이다. 중학교에서 근무한다. 나는 아이들과 즐겁게 음악 수업을 하고 있다. 나는 단정한 옷차림을 하고 있고 자신감 있는 모습이다. 나의 부모님은 교사가 된 나를 아주 뿌듯하게 여기시고 나 역시도 나를 사랑하고 자랑스러워한다.'

인수는 미소를 지었다. 중학생이라 좀 유치하게 생각할 것 같았지만 너무도 재미있어 했다. 그리고 일주일에 한 번 수업이었지만 숙제도 더 잘 해오고 온라인 학습도 빠지지 않고 해왔다.

나는 학습자에게 장기 목표, 단기 목표, 하루 계획을 세우는 것은 '목표로 향하는 고속도로 만들기'라고 말하고 싶다. 내가 가야 할 곳이 있다고 하자. 그곳을 가기 위해 길이 있어야 한다. 그리고 그 길로 천천히 갈지 빨리 갈지는 도로의 상태가 중요하다. 이왕 가는 것 빨리 가면 시간을 절약하게 된다. 시간은 곧 돈과도 연결이 된다. 경제적으로 풍요로우면 더욱 행복한 삶을 살 수 있다.

PART 4

# 우리 아이를 위한 8가지 영어공부 비법

01

# 아이가 좋아하는 주제를 골라 접근하라

나에게는 영어와 관련된 가슴 뛰는 추억이 있다. 고등학교 1학년 때 영어 선생님은 영어를 누구보다도 열심히 쉽게 가르쳐주셨다. 1학년 1반에서 6반까지 있었는데 1반에서 3반까지 선생님과 4반에서 6반까지 선생님이 달랐다. 다행히 나는 앞 반이라서 내가 좋아하는 영어 선생님과 공부할 수 있었다. 선생님께서는 항상 수업 시작 전 15분 동안 이전 수업에서 배웠던 것을 시험을 봤다. 시험을 본 후 피드백을 해주시고 그날 수업을 열정적으로 해주신다. 나는 선생님의 꼼꼼한 가르침에 나도 영어 선생님이 되고 싶다는 꿈을 꾸게 된다.

그해 겨울방학에 선생님께서 〈죽은 시인의 사회〉라는 영화를 보여주셨다. 그런데, 아주 오래된 영화이지만 지금 눈앞에 생생하다. 영화의 명장면과 함께 '현재를 즐겨라. 너만의 인생을 살아라'는 대사는 아직도 가슴에 울림으로 다가온다. 이 영화와 함께 영어 선생님과의 1년간의 즐거웠던 경험은 지금까지도 좋은 기억으로 남아 있다.

나는 우리 아이들이나 내가 가르치는 아이들에게도 딱 이정도 좋은 기억을 나누고 싶다. 일단 좋아하게 되면 더 알고 싶어진다. 그 후 공부가 재미있어진다. 매일 조금씩 영어를 노출해 아이들이 평생 영어를 좋아하도록 만드는 것이 나의 목표이다.

민영이 엄마와 나는 같은 시기에 임신을 해서 10년 넘게 알고 지내는 사이이다. 민영이는 엄마표 영어를 하고 있다. 엄마는 아이가 좋아하는 캐릭터를 잘 찾아내고 아이가 싫어하는 반응이 조금이라도 보이면 바로 멈춘다. 아이가 좋아하는 것에만 포커스를 맞추면서 소리 노출을 했는데 민영이는 오랜 시간 동안 영어를 즐기고 있다. 동생과 영상을 보다가 물어보는 것을 일일이 말해주는 친절한 언니이다. 이 아이의 통역관 같은 모습이 귀엽고 신기하다.

민영이는 5살 때부터 엄마가 영어 DVD를 틀어주셨다. 그 중 민영이는 〈페파 피그〉, 〈맥스 앤 루비〉, 〈리틀 아인슈타인〉을 좋아했다. 〈리틀 아인슈타인〉

시리즈는 5살부터 7살까지, 〈리틀 아인슈타인 사전〉은 초등학교 2학년 때까지 봤다. 비슷한 시기에 〈페파 피그〉도 봤다.

민영이는 7살에 PBS Kids와 BBC kids 사이트에서 좋아하는 캐릭터를 발견한다. 그것은 〈핸디 매니〉 시리즈와 〈미스터 메이커〉이다. 집 안 곳곳을 돌아다니며 고장 난 곳을 수리하는 〈핸디 매니〉 시리즈와 끊임없이 무언가를 만들어내는 아저씨 이야기 〈미스터 메이커〉 시리즈는 민영이가 가장 좋아하는 프로그램이었다.

초등학교 2, 3학년 때부터는 영어 방송을 볼 때 영어로 들으면서 동시에 한국어로 번역해서 말하는 연습을 했다. 3살 차이 동생이 "언니, 지금 뭐라고 하는 거야?"라면서 계속 물었다. 그래서 동생과 영어 방송을 함께 볼 때면 민영이는 계속 설명해줘야 했기 때문에 '들으면서 우리말로 설명하기'를 자동으로 연습하게 되었다. 계속 연습하다 보니 들을 때 더 집중이 잘되었다. 영상을 보면서 들은 영어 표현이 정확한 스펠링이나 문법은 몰라도 입으로 말하는 것을 즐기게 되었다.

서연이는 앉아서 책 읽는 것을 지루해했다. 그런데 놀이로 접근하여 그림책과 친해진 후로는 책을 너무 좋아하게 되었다. 엄마는 서연이가 특별히 좋아하는 영어 그림책이 생기면 다양한 활동을 하면서 온몸으로 읽기를 시도 한다. 목소리도 우렁차고 행동의 범위도 넓어서 어른인 내가 보아도 재미있다. 어느 날은 마이클 로젠의 〈We're Going on a Bear Hunt〉를 읽었다. 그녀는 곰 사냥을 하러 가는 동안 만나는 장애물을 종이에 그려 준비한다. 거실 바닥에 간격을 두고 한 장씩 깔아서 그림책 속 배경을 그대로 재현한다. 실제로 그림 책 속의 주인공이 되어 곰 사냥을 떠난 것처럼 연기한다. 책 내용을 따라 만든 River(강), Mud(진흙), Forest(숲), Snowstorm(눈보라), Cave(동굴)을 아이와 지나간다. 이렇게 Guided Reading(다양한 활동을 하며 책 내용 파악하기)을 여러 번 반복하면 아이들은 영어 문장을 외우게 된다. 체득한 문장은 Independent Reading(아이 스스로 읽기)을 할 수 있도록 돕는다. 온몸으로 읽기는 어릴수록 좋아하지만 초등학교 저학년 아이들까지 신나게 즐길 수 있는 놀이이다.

취학 전 아이의 영어 코칭을 하다 보면 영어 그림책 선정 기준을 묻는 분이 많다. 가장 우선시해야 할 기준은 '아이가 좋아하는 책'이다. 한글 책이든 영어책이든 아이가 관심을 보이는 책부터 읽어주어야 한다. 아이가 좋아하는 책을 그만 읽어달라고 할 때까지 여러 번 반복해서 읽어준다. 그러면서 아이 스스로 관심 영역을 넓힐 때까지 기다려주어야 한다. 또한 쉬운 책으로 시작하여 자신감을 갖게 하는 것은 중요하다. 그리고 수준에 맞는 책으로 흥미를 유지하고, 조금 높은 수준의 책을 제시해 아이가 도전할 수 있도록 도와주자. 아이의 관심사에 따라 쉬운 책에서 어려운 책으로 이끌어 준다면 아이의 독서력은 훌쩍 자랄 것이다.

엄마표 영어를 하고 있는 가윤이는 초등학교 5학년 때 로알드 달의 동화를 우리말로 읽고 그의 팬이 되었다. 로알드 달의 책은 모두 분량이 꽤 많지만 어릴 때부터 책 읽기를 꾸준히 했던 터라 무리가 없었다. 무엇보다 그의 책은 이야기 자체가 가지는 힘이 있다. 그래서 가윤이는 이야기 속으로 푹 빠져들었던 것 같다.

가윤이는 〈마틸다〉와 〈찰리와 초콜릿 공장〉을 가장 좋아했고 이 두 이야기를 여러 번 반복해서 보았다. 그러다 보니 어느새 영화 속 등장인물의 대사를 줄줄 따라 하기도 했다. 아이는 책과는 다른 영화의 멋진 장면이 눈앞에서 재현되는 것을 본 후 다른 영화들도 더 보고 싶어 했다. 그 후 같은 감독이 만든 〈크리스마스의 악몽〉, 〈유령 신부〉, 〈프랑켄 위니〉, 〈이상한 나라의 앨리스〉 등 팀 버튼 감독의 영화를 즐겼다.

6학년 때는 〈The Simpsons〉을 보았다. 이는 1987년에 방영을 시작한 미국의 인기 애니메이션이다. 〈심슨 가족〉 시리즈는 가상 마을 스프링필드에 사는 심슨 가족을 통해 미국 사회와 국제 정세를 비판하는 풍자물이다. 미국 중산층 가족의 일상을 엿볼 수 있다. 아빠 호머 심슨, 엄마 마지 심슨, 아들 바트와 딸 리사로 구성된 4인 가족 중심 에피소드가 주를 이룬다. 1989년부터 지금껏 초등학교 5학년인 바트와 초등학교 3학년인 리사는 30년 넘게 초등학생이다. 가윤이는 문법 공부를 하며 지루할 때마다 〈The Simpsons〉 시리즈를 시청한다.

나도 1999년에 호주에서 영어공부를 하며 〈심슨 가족〉을 본 적이 있다. 이야기의 등장인물이 엄마와 아빠를 비롯해 초등학생이 있지만 사회문제에 대한 풍자가 많기 때문에 저학년 아이와 시청하기는 부적절한 것 같다. 아이가 사회에 관심이 있을 때 부모님과 같이 보는 것을 권장한다.

위에서 설명한 민영이의 영어 DVD와 가윤이가 보았던 영화는 요즘은 유튜브로 볼 수 있다. 유튜브는 광고가 있어서 영화를 볼 때 방해가 된다. 그러므로 프리미엄 회원을 가입하면 광고 없이 볼 수 있다. 아이가 반복해서 보고 싶어 하는 영화는 구매를 하면 좋을 듯하다. 나는 프리미엄 회원을 가입해서 여러 영상들을 스마트폰에 저장하고 Smart View(폰 메뉴에 있음)를 활용하여 TV와 연결하여 큰 화면으로 실감나게 아이들에게 보여준다. 영화의 경우 아이의 취향에 딱 맞는 것은 구매하여 저장하고 틀어주면 된다. 또한 NETFLIX에서는 영화, TV 프로그램을 한 달 회원으로 가입하면 무제한으로 볼 수 있다. 다양한 영화를 보고 싶다면 NETFLIX를 활용하면 좋을 듯하다. 신규 회원은 30일 무료 이용이 가능하므로 30일 동안 탐색 후 즐겨보면 좋을 것이다.

우리나라와 같은 영어 환경에서는 소리영어로 영화나 드라마, 에니메이션과 같은 영상을 많이 활용해야 한다. 그리고 영어책을 읽는 것은 아무리 강조해도 지나치지 않는다. 이때 어느 연령층이든 아이가 좋아하는 주제를 골라 영어에 접근해야 한다. 오래도록 공들여 쌓은 영어 실력을 현실에서 주로 활용하는 시기는 언제일까? 원서로 전공을 공부하고, 전 세계를 누비며, 해외 취업을 하는 등 실제로 영어를 활용할 때까지 많은 시간이 남아 있다. 그때까지 영어공부는 마라톤과 같다. 초반에 힘을 빼면 쓰러질 수 있다. 아이의 취향과 속도를 유지하는 것이 중요하다. 그래서 아이가 좋아하는 캐릭터나 이야기를 찾아주어야 한다. 아이의 영어는 즐거워야 한다. 그래서 아이의 취향을 최대한 반영해야 한다. 아이가 좋아하는 주제를 골라 접근하자.

02

# 문법에 집착하지 마라

나는 영어공부를 무식하게 했다. 무식하다는 말이 거슬리는가? 한마디로 어렵게 마구잡이로 했다. 그래서 오랫동안 고생길을 걸으며 영어공부에 매달렸다. 그때는 요즘처럼 쉽고 재미있게 공부하는 방법을 몰랐다. 그땐 그것이 최선의 방법이었다. 영어책을 많이 읽으면 영어라는 숲의 스토리가 만들어진다. 영어는 전체적인 맥락인 숲을 먼저 보는 것이 포인트다. 그런데 나는 나무라는 문법들을 먼저 심고 이름을 외우느라 많은 시간을 보냈다. 중학교 때부터 줄곧 말이다.

심지어 나는 영어책을 왜 읽어야 하는지를 몰랐다. 그것이 문제였다. 독서 습관을 우선순위에 둔다면 모국어가 튼튼해진다. 하지만 어릴 적에 독서 습관을 들이지 못했던 것이 아쉽다. 독서 습관과 함께 영어공부도 성장한다. 아이들을 낳기 전까지는 입시 위주의 수업을 해왔다. 문장을 분석하고 해석하는 방식의 수업을 하다 보니 뇌의 패턴도 같아졌다. 그 후 우리 아이들을 키우면서 다양한 영어 그림책들을 보게 되었다. 재미있는 그림책에 빠져서 영어 세미나를 다녔다. 그리고 서울에 있는 한 출판사 주관의 영어 독서 지도 자격증을 취득하였다.

자연스럽게 책을 많이 읽으면 전체적인 맥락이 파악된다. 충분한 독서를 하면 문장의 구조는 자연스럽게 보인다. 문법보다는 구조를 보는 눈이 중요하다. 하지만 나는 거꾸로 영어공부를 해왔다. 그래서 영어의 고충을 겪는 아이들과 부모님에 대해 누구보다 잘 알고 있다. 내가 힘들게 공부한 것을 바탕으로 다른 사람들을 도와줄 수 있는 삶을 살라고 신께서 인도하신 것 같다.

이제부터 나는 내 아이들을 포함하여 주변에 있는 아이들에게 제대로 영어교육을 전하는 메신저가 되기로 결심했다. 우리나라 교육 시스템에 불만을 토하는 선생님들을 본 적이 있다. 나 역시도 그들 중 한 명이다. 하지만 공교육을 탓하고 있을 시간이 없다. 그 시간조차도 아깝다. 나와 대한민국 엄마들이 우리 아이 영어교육을 이끌어가야 한다고 생각한다. 그래서 이렇게 책을 쓰고 있다. 나의 경험과 노하우를 담아서 책을 쓰고 있는 지금이 너무 감사하다.

나는 영민이를 오래 전에 알고 있었다. 그런데 초등학교 6학년 때 만나게 되었다. 그 전까지 영어학원에서 공부를 했다고 한다. 영민이의 부모님은 문법 공부와 학교 영어 시험에 관심이 많다. 하지만 나는 독서를 강조했다. 부모님을 설득하여 책 읽기를 시켰다. 소리를 듣고 따라 말하기를 3개월 정도 하면서 아이의 영어감각은 살아났다. 아이를 격려하면서 독서하는 방법을 터득하도록 도와주었다.

나는 우리 아이들을 낳기 전 중·고등학생 수업을 했다. 아마도 그때 영민이를 만났다면 문법책으로 바로 수업을 했을 거다. 예비 중등이란 타이틀이 있는 학생에게 중학 대비를 해주는 것이 의례였기 때문이다. 이 시기는 아이를 보낸 엄마 마음도 급하고, 가르치는 사람도 마음이 급한 때다. 바로 중학교 1학년 중간고사가 4월 말에 있었다. 그때를 생각하면 아이들에게 미안한 생각이 든다. 문법 공부에 치여서 자신이 진정 영어의 능력자라는 것을 모른 채 문법에 무릎을 꿇은 아이들도 있었다. 문법을 무조건 외우고 시험 보고 독해하는 패턴이 아이들을 한계 짓는다.

이젠 시대가 바뀌었다. 자유학년제의 실시로 시험에 대한 압박감이 덜하다. 그리고 나의 교육 마인드도 바뀌었다. 가끔 부모님들은 문법을 먼저 가르쳐주기를 요구한다. 하지만 그들이 요구해도 영어책 읽기가 제대로 되지 않은 아이는 절대 문법을 우선으로 교육하지 않는다. 그 이유는 문법에 집착하는 것은 진정한 영어공부를 가로막기 때문이다.

KBS 스페셜 〈당신이 영어를 못하는 진짜 이유〉에서 영어공부를 수영으로 설명했다. 수영을 잘하려면 어떻게 해야 할까? 물 속에 뛰어들어 열심히 연습하는 게 최선이다. 교실에 앉아 수영에 관한 이론만 공부하는 것은 이론 성적을 위한 것이지 실제 수영 실력은 늘지 않는다. 수영, 자전거 타기, 피아노 치기, 그림 그리기 등은 말로 설명은 가능하다. 하지만 직접 실습을 해야 실력을 증명할 수 있다.

우리나라에서는 문법을 말로 설명한다. '수영은 물속에서 헤엄치는 것이다.'라고. 문법을 배우고 공식처럼 암기하는 상황이 우리나라에서 흔하다. 수영을 하고 있는 아이가 의식적으로 어떤 타이밍에 숨을 쉬어야 하는지 생각할 수 있을까? 하지만 영어권 나라에서는 문법을 절차적으로 배운다. 여기서 절차적이라는 것은 무의식적이고 자연스러운 것이다. 먼저 아이가 좋아하는 영어책을 다양하게 읽히는 것이다. 그러면 영어 구문은 반복된다. 일정량을 읽으면 문장 구조는 무의식적으로 알게 되는 이치다.

영어책을 읽을 때 나만의 비법이 있다. 무조건 레벨을 올려가면서 읽는 것보다는 절충식으로 책을 읽게 한다. 일단 레벨을 올려주면서 성취감을 느끼게 한다. 동시에 짧은 문장의 책을 무한 반복으로 읽되 다독을 하는 것이다. 짧은 문장 읽기를 많이 하면 일정 단어와 문장 사이를 자연스럽게 연결해주는 구조가 파악된다. 우리나라 교육과정에 단어와 문장사이의 불완전한 문장들이 빠져 있어서 아이들이 영어공부를 어렵게 느끼는 것 같다. 예를 들면, 문장구조를 절차적으로 배우지 않고 단어에서 바로 문장을 익히고 그것을 분석하는 것은 어렵고 오랜 시간이 걸린다. 이는 의사소통이 되지 않은 언어이며 분석하는 언어이다.

호진이는 엄마와 6학년 때까지 영어책을 읽었다. 어릴 적부터 책 읽기를 좋아했다. 그래서 영어책도 자연스럽게 접하게 되었다. 영어 레벨이 높지는 않았지만 자신감은 있어 보였다. 중학생이 되자 엄마는 2학년 때부터 학교 시험이 중요해지는 것을 알고 있었다. 그래서 학원에 보내게 되었다. 우리나라에서 중학생 과정은 문법을 공부해야 시험 성적이 잘 나오기 때문이다. 그리고 성적이 좋아야 고등학교를 원하는 곳으로 갈 수 있다. 바로 성적 줄 세우기식의 평가를 하는 것이다.

문제는 아이들 역시 시험 성적에 따라 자신의 영어능력을 평가한다는 것이다. 점수가 곧 자신이라고 느끼기 때문에 성적은 아이의 자존감을 결정지을 수 있다. 그래서 '무조건 문법 공부를 하지 않는 것이 좋다.'라고 말할 수 없다. 우리나라 교육 과정을 따라가되 나의 진정한 실력을 위한 영어공부를 해야 한다. 그것은 바로 꾸준한 책 읽기다. 호진이는 영어책을 읽고 내용도 이해를 잘했다. 단어도 글 속에서 잘 파악했다. 호진이처럼 꾸준한 독서를 해온 아이는 영어의 기본기가 있기 때문에 문법 공부가 그다지 어렵지 않다.

내 친구 중에 20대 초반에 결혼한 친구가 있다. 친구의 딸이 초등학교 2학년 때 학원 숙제를 사진 찍어서 보냈다. 아이가 너무 어려워서 문제를 못 풀고 있으니 도움을 요청한 것이었다. 폰을 열어 사진을 보았을 때 나는 깜짝 놀랐다. 2학년 아이가 풀기에는 어려운 문법 문제들이었기 때문이다. 20문제 중 풀 수 있는 문제가 하나도 없다는 것은 아이의 수준에 맞지 않는 것이다. 아이는 너무 힘들어했다. 학원에서 높은 레벨의 반에서 수업을 하고 있다. 그렇지만 자신이 영어를 못한다고 느낀다면 무슨 소용이 있을까?

아이의 레벨에 맞는 문제를 풀었으면 하는 아쉬움이 남았다. 문법은 영어책 읽기를 충분히 한 아이들에게 적용해야 한다. 모국어의 예를 들어보겠다. 아이가 유치원에 가기 전에 가정에서 충분한 의사소통을 한다. 유치원에서는 아이의 언어능력에 맞는 단어들을 읽고 쓴다. 그리고 아이에게 재미있는 책을 읽힌다. 초등학교에 가서는 학습에 필요한 책과 필독서들을 읽는다. 저학년 때부터 일기장을 쓰면서 자신의 생각과 느낌을 알아간다. 고학년 때는 독후감이나 보고서를 쓴다. 이렇게 9년 가까이 언어를 말하고 쓰고 읽는다. 그러고 나서 중학교 때부터 문법을 배운다.

모국어도 9년이 넘게 공부하고 문법을 배우는데 우리에게 외국어인 영어는 어떠한가? 아이들이 문법을 어려워하는 데는 이유가 있다. 문법을 배우기 전 단계에 해야 할 작업들을 충분히 해준다면 분명히 성과는 따라올 것이다.

언어학자인 짐 트렐리즈는 다음과 같이 말했다.

"문법이란 따로 배우기보다 몸에 배는 것이다. 문법이 몸에 배는 것은 마치 감기에 걸리는 것과도 같아서 영어에 노출되어 패턴을 모방하는 식이어야 한다."

영어 문법은 지식이 아니라 직관으로 몸에 배어들어야 가장 이상적이다. 우리는 언어학자가 아니다. 영어를 설명하기 위한 학문으로 배우지 말아야 한다. 이렇게 되기 위해 가장 좋은 방법은 적어도 초등학교 때까지 꾸준히 아이가 좋아하는 책을 읽어주는 것이다. 직접 읽어줘도 좋고 음원을 사용해도 좋다. 또한 아이가 소리 내어 읽도록 하는 것은 더욱 효과가 있다. 단순하지만 아이의 언어 발달 과정에 가장 잘 맞는 자연스러운 방식이다. 문법에 집착하지 말고 꾸준한 독서로 기초를 다지자.

03

# 일상생활 속에서 영어를 배울 기회를 찾아라

얼마 전에 우리 막내와 함께 웹툰을 봤다. 요즘 아이들은 만화를 온라인으로 즐긴다. 영어 학원을 다니느라 밤늦게까지 힘들어하는 아이의 이야기였다. 그것은 '제 입장도 생각해주세요.'라는 제목이었다. 아이는 방과 후 영어학원을 다녀오고 집에 와서 숙제를 하느라 바쁘다. 엄마는 단어를 밤새 외워 백점을 맞아오라고 다그친다. 아이는 밤늦게까지 숙제를 하며 굉장히 힘들어하며 쓰러진다. 엄마는 눈 깜짝하지 않는다. 이 사실을 알게 된 아이의 할머니와 할아버지가 집에 찾아온다.

그 후 그들은 아이의 엄마와 아빠에게 공부를 시킨다. 아빠는 만년 과장인데 부장이 되라고 하며 다그친다. 심지어 회사에 찾아가 사장님께 선물을 주며 아들을 잘 봐달라고 애원한다. 할머니는 엄마에게 재테크 공부를 하라며 부동산 자격증을 위한 문제집까지 사다 준다. 엄마와 아빠는 본인들이 원하지 않는 승진 공부와 재테크 공부를 하다가 스트레스를 받게 된다. 결국 아이의 입장을 이해하게 된 부모는 사과를 하고 이야기는 끝이 난다.

이 웹툰을 보고 아이의 처지가 참 불쌍했다. 자신의 의지와 다르게 부모가 짜준 학원 스케줄에 너무도 버거워했기 때문이다. 또 한편으로는 할아버지 할머니가 등장한 문제 해결 방법이 참 재미있었다. 역지사지(易地思之)란 옛말도 있지 않은가? 모든 부모가 이 이야기를 꼭 봤으면 좋겠다고 생각했다. 아이의 입장도 우리는 고려해야 한다. 우리 아이들은 어떤 마음을 갖고 있을까? 가슴을 쓰다듬으며 부모로서 다시 한 번 반성해본다. 왜냐하면 내가 사는 대전 둔산동도 교육열이 막강한 곳이기 때문이다.

우리 아이는 학원에서 몇 시에 귀가하는가? 학원 숙제로 밤 12시를 꼬박 넘기는가? 초등학교 교사인 친구의 말에 의하면 학생들 중 몇 명은 밤에 학원 숙제를 하느라 학교 과제를 못 해온다고 한다. 그리고 졸려하는 아이들이 늘었다고 한다. 잘 먹고 잘 자야 할 시기인데 참으로 안타깝다.

지인의 소개로 사단법인 한국 라보(Language Laboratory)를 3년 전에 알게 되었다. 그래서 우리 아이들 첫째와 둘째 모두 즐겁게 다니고 있다. 라보는 '언어는 즐거운 공놀이다.'라고 설명한다. 4살부터 13살 아이들이 함께 다양한 언어로 노래도 부르고 춤도 즐겁게 춘다. 다양한 언어를 추구하고 있지만 영어가 50% 이상 차지하는 것 같다. 몇몇 노래는 게임도 들어 있다. 아이들은 몸을 움직이고 게임을 하면서 그동안 쌓였던 좋지 않았던 감정들을 풀어낸다. 2시간 남짓 놀이를 하고 나면 마치 산을 올랐다가 맑은 공기를 마시고 내려온 것 같은 환한 얼굴로 나온다. 말소리도 더욱 생동감이 돈다. 라보 활동은 어릴수록 좋은 것 같다. 라보에 대해 궁금하다면 자세히 설명해주겠다.(010.2675.4378)

우리는 라보를 매주 금요일에 다닌다. 금요일 저녁은 지하철을 타고 간다. 라보 근처에서 아이들이 좋아하는 샌드위치나 햄버거를 먹고 나들이 하듯이 간다. 라보 선생님께서는 상반기 하반기로 엄마들을 위해 설명회를 해주신다. 선생님 자녀 두 명도 청소년 시기에 라보 속에서 자라고 훌륭한 성인이 되었다고 말씀하신다. 특히 학생 교환 프로그램에 참여해서 자신감과 독립심을 길렀다고 하신다.

지금은 코로나로 해외여행이 불가피해져 아쉽다. 그전에는 여름과 겨울에 해외 현지인 집에서 머물면서 다양한 문화 체험 활동을 했다. 어서 코로나19

시대가 지나가길 기도한다.

또 하나의 일상생활 속에서 영어를 배울 기회로 기회가 된다면 필리핀 가족여행 프로그램을 권하고 싶다. 미국이나 캐나다도 좋지만 경제적인 면이나 초보자들에게는 필리핀 영어 프로그램이 안성맞춤이라고 생각한다.

우리 가족은 한 달 동안 겨울방학에 필리핀 '보홀'에 다녀왔다. 보홀은 필리핀에 있는 작은 섬이다. 작은 호텔 안에 부모님과 아이들을 위한 영어 프로그램이 있다. 물론 식사도 모두 포함되어 있다. 우리 둘째는 야외 수영장에서 매일 수영을 했던 것이 가장 기억에 남는다고 한다. 오전에는 개인 튜터와 공부를 하고 오후에는 또래 아이들과 액티비티를 한다. 저녁식사 후 버디 선생님의 도움을 받아 숙제를 하고 수영이나 게임을 즐긴다.

엄마들에게 가장 큰 특혜는 바로 아이들 숙제도 봐주고 놀아주는 선생님들이 호텔에 상주하고 있는 것이었다. 그래서 엄마, 아빠들은 영어공부에 더 집중할 수 있었고 휴식을 취할 수 있었다. 또한 줌바 댄스는 내가 가장 좋아했던 프로그램 중의 하나이다. 액션이 강한 춤을 처음 춰봤는데 너무도 파워풀하고 재미있었다. 그래서 한국에 도착하면 계속 배우고 싶은 생각이 들었다. 또한 주말에는 보홀에서 유명한 관광지를 여행해보기를 추천한다. 초콜릿 힐, 발리카삭 섬, 등 자연경관이 뛰어나다. 아이들과 바다에서 배를 타고 고래 보기, 보트 타기, 스노클링 등 다양한 체험 활동들이 있다. 아이들은 교실보다는 체험 속에서 더 많이 배우고 성장한다. 만져보고 직접 보고 현지 음식도 먹어보고 몸을 움직여서 한 경험은 지식을 능가한다. 좋은 경험은 몸 속 세포 하나하나까지 새겨지며 미래의 자양분이 되어 더 큰 미래로 향하는 계기를 마련한다.

그렇다면 한국에서도 일상생활 속에서 영어를 배울 수 있을까? 아이와 함께 영화를 보거나 영어책을 읽어보면 어떨까? 요즘은 온라인에서 영화를 볼 수 있는 프로그램들이 많다. 영국 아이들이나 미국 아이들이 많이 즐겨보는 책과 동영상 사이트를 꾸준히 이용한다. 너무 많은 정보는 검색하다가 시간을 그냥 흘려보내는 경우가 있기 때문이다. 시간의 가치를 따져봤을 때 나는 약간의 돈을 지불하고 동영상을 꾸준히 보고 듣는 것을 권장한다.

현재 나는 영어책 읽기 수업을 하고 있다. 그리고 엄마표 영어를 하고 싶은데 경험이 없는 학부모를 대상으로 코칭을 해준다. 우리 아이 수준에 맞는 영어 동영상과 책을 골라준다. 구체적으로 엄마표 영어를 하고 싶은데 어디서부터 시작해야 할지 모르는 분을 위한 상담, 직장을 다녀 시간이 부족한 엄마를 위해 로드맵 짜기, 아이의 성향에 맞는 책과 동영상 고르는 방법을 전수한다. 나는 20년 영어교육 경험을 전해주면서 감사하다는 그들의 마음을 받을 때 가장 큰 자부심을 느낀다.

나에게 코칭을 받은 2학년 민호는 집에서 엄마와 함께 영어를 사랑하기로 했다고 한다. 영어공부라는 말을 사용하면 아이가 힘들어 할 것 같아서 민호 엄마는 '영어사랑하자.'라고 말한다고 한다. 민호는 매일 1시간씩 영어 동영상을 본다. 그리고 영어책 읽기를 1시간씩 한다. 3학년이 되면 시간을 좀 더 늘려서 영어 동영상과 영어책 읽기를 3시간으로 하고 싶다고 한다. 물론 아이가 좋아해서다. 영어책 읽기의 효과는 너무나 잘 알고 있지만 누구에게는 고통의 연속이다. 그러나 민호는 매일 꾸준히 영어책을 읽는 것을 사랑한다고 한다. 그 노력이 민호 엄마에게는 일상이 되었고 아이도 영어를 사랑하는 시간을 즐긴다고 하니 영어사랑은 일상 그 자체가 된 것이다. 당신의 아이는 일상 속에서 영어를 배울 기회를 찾았는가?

우리 첫째가 1학년 때 〈네모의 꿈〉이라는 노래를 들은 적이 있다. 이 노래는 '네모난 침대에서 일어나 눈을 뜨고, 네모난 창문으로 똑같은 풍경을 보고'로 시작한다. 노래 가사를 듣고서 나도 모르게 눈물이 나왔다. 노래 가사 속의 '온통 네모난 것들 속에서 똑같은 하루를 의식도 못한 채로 그냥 숨만 쉬고 있는 아이가 바로 내 아이일 수도 있다.'라는 생각 때문이었다. 획일화된 공부를 하는 아이들 역시 네모처럼 느껴졌다. 우리 아이들은 네모난 교실과 빡센 숙제보다는 친구들과 웃고 노는 것을 훨씬 더 좋아한다. 아이들에게 라보 활동으로 즐겁게 영어 익히기, 영화 보기, 재미있는 책 보기 등 일상생활 속에서 영어를 배울 기회를 선물하면 어떨까?

04

# 자기 전에 영어책을 읽어주라

"하나님~." 하고 엄마가 말한다. 그 후 "감사합니다." 하고 아이들이 말을 말한다. 또다시 "오늘도~."라고 엄마가 말한다. "잠자리에 들었습니다."라고 아이들이 뒤따라서 말한다. 엄마는 아이들이 유치원에 다닐 때 밤마다 잠들기 전 아이들과 기도를 했다. 그리고 이런저런 이야기를 하며 즐겁게 잠을 청했었다. 첫아이가 7살, 둘째 아이가 5살 때로 기억된다. 아이들은 서로 그날 있었던 재미있는 이야기를 앞다투어 재잘거리다가 서서히 꿈나라로 갔다. 대부분의 가정에서도 있는 이야기이지만 나에게는 마음이 밝아지고 머리가 시원해지며 미소가 절로 나는 추억이다.

여러 이야기 중에 둘째 아이와 나눈 이야기이다. 천진난만한 이야기를 듣고 아이의 상상력에 놀랐던 적이 있다. 유치원에서 다른 지역에서 새로 온 아이와 짝이 되었다고 한다. 도란도란 이야기를 나누며 동물을 그리는 시간이었다. 우리 둘째는 기린을 그렸다. 그리곤 그 친구에게 우리 집에 기린을 키운다고 말했다고 한다. 그리고 그 기린은 예쁜 옷을 입는 것을 좋아하고 때때로 자기와 춤도 춘다고. 아이의 마음속에는 상상의 기린 친구가 있었던 것이다.

첫째 아이는 낮에는 활발하고 긍정적인 아이이다. 그런데 밤에는 가끔 속상했던 이야기를 들려주었다. 선생님과 친구들 사이에서 억울했던 이야기를 했다. 나는 아이의 말을 경청하고 위로를 아끼지 않았다. 금세 아이의 표정과 목소리는 밝아졌고 생기를 되찾았다. 지금도 그때를 생각하면 아이들과 아주 귀중한 추억여행을 할 수 있어 감사하다. 마음을 알아주고 위로를 받고 하루를 마감하고 더 좋은 내일을 맞이할 수 있었다.

아이들이 초등학생이 되면서 우리 집에서는 전쟁 아닌 전쟁이 벌어졌다. 늦게 자게 되고 유치원 다닐 때보다 2시간이나 일찍 일어나야 했다. 잠이 부족하고 힘들었다. 그리고 학습이라는 경쟁 속에서 나도 모르게 아이들을 다그치고 있었다. 그러면서 속상함이 올라왔고 그냥 하루하루를 버텼다. 더불어 나의 건강상 문제로 일상생활에 조금씩 금이 가게 되었다. 그러다 보니 밤에는 아이들 숙제를 봐주고 나면 11시가 훌쩍 넘는 날이 많았다. 아쉽게도 책을 읽어주는 것은 꿈도 꿀 수 없었다.

아이들을 학교에 보내고 오전에는 파김치가 되어 또 잠을 잤다. 이런 시간이 쌓이고 쌓여서 무기력한 나의 모습을 대면해야 했다. 결국 만성 질병으로 이어졌다. 이런 어두운 동굴을 지나서 지금은 건강해진 모습으로 아이들과 즐겁게 생활하고 있다. 그 중 내가 힘을 쏟고 있는 것은 책 읽기이고 그것을 통한 아이들과의 관계 회복이다. 사춘기로 접어든 아이들에게 하루는 큰 아이, 하루는 둘째 아이에게 자기 전에 책을 읽어주기로 했다. 다행히도 아이들은 흔쾌히 승낙을 해주었다. 어릴 적의 기억이 떠올랐던 것일까? 나는 아이들에게 너무 고마워서 꼭 안아주었다. 나는 아이들에게 또다시 말을 건넨다.

"하나님~." "감사합니다." "오늘도." "잠자리에 들었습니다."

다행히도 아이들은 기억하고 있었다. 가슴으로 몸으로 기억하고 있었다. 엄마의 진심을 알아줘서 감사했다. 아이들에게 보여줄 수는 없었지만 나의 가슴속에서는 미안하기도 하고 기쁘기도 한 울음이 왈칵 쏟아졌다. 순간 어둠의 터널 속에 있었던 것도 감사하고 지금 이 순간도 너무 감사했다. 고통 뒤의 환희를 느낄 수 있기 때문이다.

나의 남동생 부부는 초등학교 1학년 아들 쌍둥이와 단란한 가정을 이루고 있다. 그들은 두 아들에게 자기 전 영어책을 읽어준다. 바로 수면 패턴을 만들어주기 위해서 영어책 읽기가 시작되었다고 한다. 그 전에는 저녁에 아이들은 더 놀고 싶다고 하며 늦게 자는 일이 비일비재했다. 그러면 다음 날 늦게 일어나는 것은 물론이고 하루가 바쁘고 엇박자로 돌아가는 듯했다. 그래서 자기 전 독서 습관을 기를 겸 영어책을 읽어주기 시작했다.

베드타임 스토리로 규칙적이고 안정적인 수면 습관을 유지하게 되었다. 수면 패턴이 정해진 후로 아이들과 즐겁게 잠자리에 드니 하루하루가 평화롭고 만족스럽게 보낸다. 잠들기 전 책 읽기를 통해 규칙적인 수면 패턴이 정해지면, 아이들은 누가 시키지 않아도 매우 자연스럽게 책과 친해진다. 그리고 잠이 들기까지 어려움이 없다. 하나의 수면 의식이 되었기 때문이다.

양치를 하고 나면 성경 말씀을 본다. 크리스천인 이 가족은 매일 밤 구절을 큰 소리로 읽고 외운다. 며칠 동안 똑같은 구절을 반복 학습하곤 한다. 어느새 루틴이 된 기도시간은 엄마 아빠가 깜박하기라도 하면 아이들이 챙긴다. 그런 후 아이들 각자가 읽고 싶은 책을 스스로 골라온다. 여기에 빠지지 않는 것은 영어책이다. 자기 전 책 읽기 교육은 하나의 좋은 습관 장치가 되었다. 좋은 습관으로 가족이 하나가 되어서 나 또한 기쁘다.

전 세계적으로 유대인들은 자녀교육을 훌륭하게 하는 것으로 유명하다.

그들의 자녀교육에 빠지지 않는 것 중 하나는 자기 전에 책을 읽어주는 것이다. 유대인들은 '배드타임 스토리'를 중요시 여긴 이유는 무엇일까? 아이에게 하루의 피로를 풀어주는 것이다. 또한 책을 매개로 아이가 하루 동안 있었던 일 중에 걱정하고 생각하는 것을 자연스러운 대화로 풀 수 있다. 그리고 다정한 교감을 나눌 수 있는 시간이 된다.

유대인의 베드타임 스토리에는 과학적 근거가 있다. 우리 뇌 속에는 '해마'라는 기관이 있다. 이 해마는 잠자는 시간에 가까울수록 정보 저장이 활동적으로 움직인다. 다시 말하면 '잠들기 직전'의 정보들을 장기 기억으로 가져간다. 그러므로 아이에게 밤에 책을 읽어주는 것은 매우 중요하다. 또한 '잠들기 전 형제와 반드시 화해를 하고 그날의 화는 그날에 끝내라.'라는 유대인의 격언이 있다. 이 말 역시 그들은 잠자기 전의 시간을 중요하게 생각하는 것을 짐작해볼 수 있다. 하루를 마감하기 전, 그들은 '잠자기 전 책 읽기'를 통해 사랑하는 아이가 하루 동안 겪은 부정적인 기억은 지우고 행복한 기억만 저장할 수 있기를 바랐을 것이다. 참으로 따뜻함이 느껴진다. 매일 밤 아이에게 책을 읽어주면서 아이만을 위한 신기한 마법이 일어난다고 상상하니 온 세상을 다 가진 것 같다.

그 외에도 자기 전 책을 읽어주는 효과는 다양하다. 첫째, 이야기를 듣고 이해하는 능력이 발달한다. 둘째, 부모와 스킨십을 통해 아이의 심리가 안정

된다. 셋째, 부모와 아이 사이에 애착이 형성된다. 넷째, 다른 사람의 말에 경청하는 자세를 갖는다. 다섯째, 눈과 귀를 기울여 상상력을 발달시킨다.

『초등 독서의 모든 것』의 저자 심양면 교장 선생님은 학부모나 교사를 대상으로 강의를 할 때면 다음과 같은 질문을 한다고 한다.

"TV와 인터넷 게임, 스마트폰까지 한편이 되어 독서와 힘겨루기를 한다면 누가 이길까요?"

그러면 대부분의 학부모와 교사들은 TV나 인터넷 게임, 스마트폰이 이길 것 같다고 대답한다. 그러나 그는 말한다.

"먼저 시작한 것. 많이 한 것이 이깁니다."

그는 아이들은 마음속과 머릿속에 독서를 먼저 자리 잡게 하는 것이 중요하다고 강조한다. 일찍부터 책 읽는 재미와 의미를 깨닫게 하고, 독서의 기쁨을 알게 하여 먼저 자리 잡게 해주면 TV나 인터넷 게임, 스마트폰 사용은 조절이 가능하다고 한다.

나는 이 글을 읽고 위로가 되었다. 다름 아닌 우리 아이들이 스마트폰에 시간을 들일 때마다 걱정되고 불안했기 때문이다. 아이를 믿는 마음과 그렇지 않은 마음이 함께 공존했었다. 아이들이 유치원 때까지 독서에 관한 세미나에 다녔다. 그리고 배운 것을 실천하려고 노력했다.

아이들의 마음과 머릿속에 독서를 먼저 자리 잡게 해주려고 힘들어도 밤마다 책을 읽어주었다. 그리고 책 속의 내용을 반복하기 위해 노래로 각색하여 같이 부르기도 했었다. 또한 잠자기 전 환경도 신경을 썼던 기억이 난다. 예를 들면 밝은 조명보다는 은은한 수면 등을 켜고 아이가 잠들기 좋은 환경으로 만들어주었다. 아이들은 딱딱한 책 읽기는 좋아하지 않았기 때문에 너무 책에만 치중하기보다는 아이의 분위기를 살펴가며 책과 관련된 대화를 하곤 했다. 책을 읽다가 중간중간 아이의 머리를 쓰다듬고 서로 마주보며 눈도 찌릿찌릿 맞추었다. 아이가 책을 보다 잠들 수 있으니 목소리는 차분하고 다정다감하게 읽었다. 다행히도 베드타임 스토리는 나와 아이를 보이지 않는 마음의 끈으로 묶어주었다.

강영우 저자의 『꿈이 있으면 미래가 있다』라는 책에는 자녀 양육에 대한 감동적인 이야기가 담겨 있다. 아빠인 강 박사는 두 자녀 진석, 진영이 어릴 때 밤마다 베갯머리에서 책을 읽어준다. 시각 장애인인 그는 불을 끄고도 점자책을 읽을 수 있었다. 아이들은 자라면서 아버지가 맹인임에도 불구하고 아버지에 대한 대단한 존경심을 갖게 된다. 큰아들 진석이가 하버드에 입학

해서 쓴 『어둠 속에서 아버지가 읽어준 이야기』라는 에세이 한 편이 하버드 입학사정관들의 마음에 깊은 감동을 주었다.

미국소아과학회의 연구 결과에 따르면 부모의 책을 읽어주는 소리는 아이의 두뇌를 자극한다고 말한다. 또한 새로운 세포 형성을 촉진시키고 책 읽어주기를 통해 아이들은 어른과 정서적 교감을 나누게 되고 심리적 안정감을 갖는다고 한다. 자기 전에 아이에게 영어책을 읽어주는 것은 쉽게 시작할 수 있다. 많은 부모들이 시도하지만 결코 단순하지 않은 것이 특징이다. 베드타임 독서의 효과는 생각보다 크다. 그러므로 이를 우리 아이를 위해 매일 꾸준히 노력하는 것이 중요하다. 그것이 독서를 사랑하고 습관화시키는 첫걸음일 것이다.

05

# 포스트잇을 벽에 붙여 단어와 어순 감각을 눈에 익혀라

얼마 전 랜디 가너(Randy Garner)의 '포스트잇 효과(Post it Effect)'에 대한 연구를 읽은 적이 있다. 그녀는 작은 메모지에 손 글씨를 써서 부탁하면 다른 사람의 마음을 움직이는 데 도움이 되는지 알아보고자 했다. 150명의 대학생을 대상으로 한 이 실험은 포스트잇에 정성을 들여야만 응답률이 높아진다는 결과가 나왔다. 이 연구는 통해 포스트잇에 메시지를 적고 표지에 붙이는 것이 크게 힘든 일은 아니지만, 사람들은 여기에 들어간 노력과 개인적인 정성을 인정해주려는 경향이 있음을 보여준다.

설문지 작성을 빨리 받기를 원한다면 손으로 적은 포스트잇 메시지를 덧붙이면 사람들은 응답을 더 신속하게 작성하는 것은 물론이고 자세하고 신중하게 답변한다고 한다. 그리고 연구자가 자기 이름을 적거나 '고맙다!'란 말을 추가하여 개인적인 느낌을 표현한 경우 응답률이 훨씬 높게 나타났다. 나는 포스트잇 효과는 '감성 자극'이라 말하고 싶다. 시선을 이용한 정성스런 감성 자극은 상대방의 마음을 직감적으로 느끼게 해준다. 한 마디 말보다 시선을 사로잡는 직감적인 느낌이 사람을 행동하게 하는 것 같다.

나는 '포스트잇 효과'를 이용하여 아이들이 영어단어를 효과적으로 익힐 수 있는 방법을 생각해보았다. 많은 사람들이 영어공부를 할 때 최고의 방법은 영어책을 많이 읽는 것이라고 말한다. 나 역시도 영어책 읽기는 다양한 장점이 있기에 동감한다. 그렇지만 많이 읽는 것보다 반복적으로 읽는 것이 중요하다고 생각한다. 그래야 우리의 뇌는 장기적으로 기억할 수 있고 말까지 가능케 해주기 때문이다. 영어책을 많이 읽고 즐기는 아이들은 책을 반복해서 읽는다. 그래서 스토리와 단어들이 쌓이는 효과를 얻는다. 그렇지만 그렇지 않은 아이들이 더 많다. 새로운 책을 좋아하는 아이들이 이에 속한다. 또 책 읽기에 습관이 되어 있지 않은 경우 어휘를 정리해주고 집어주면서 책을 읽을 때 시너지 효과가 나타난다. 그래서 포스트잇을 사용하여 아이의 기억을 도울 수 있다. 그렇다면 어휘를 어떻게 집어주어야 할까?

4학년인 수민이는 영어책을 읽는 것에 익숙하지 않다. 재미있을 것 같은 책을 골라보라고 하자 한참 동안 고민하고 책을 선택했다. 나는 다운받은 음원을 아이에게 들려주고 눈으로 글씨를 따라가며 읽는 방법을 설명해주었다. 20분 정도 책을 읽은 후 아이에게 무슨 이야기인지를 물었다. 아이는 단어를 몰라서 잘 모르겠다고 했다.

나는 음원과 책의 그림을 보고 유추하며 이야기를 예상하는 방법을 설명해주었다. 하지만 수민이는 너무도 힘들어 했다. 4년 가까이 영어공부를 했는데 기본기가 부족하니 안타까운 마음에 도움을 주고 싶었다. 그 이후 비교적 적은 양의 재미있는 이야기를 읽어주었다. 그러면서 포스트잇을 사용해 그날 배운 명사들을 하나하나씩 적어보았다. 영단어를 공부할 때 미국 사람들이 생각하는 방식으로 익혀야 하는 것이 포인트다. 그들은 a, an 이나 s, es를 명사와 분리해서 생각하지 않는다. 그냥 하나이다. 그래서 명사를 적을 때 책에 있는 그대로 적어서 표현하도록 해야 한다. 예를 들면 포스트잇 한 장에 다음과 같은 단어를 적는 것이다. 'a rabbit / rabbits / the rabbit / the rabbits'의 표현을 자연스럽게 익힐 수 있다. 그리고 나서 아이의 영어 노트 왼쪽에 그날 배운 명사를 모두 붙여준다.

엄마표 영어를 하고 있는 8살 가은이네는 명사를 포스트잇 같은 메모지에 써서 물건마다 붙여놓고 연습한다고 했다. 나는 단어를 어떤 식으로 적는지 물어보았다. 메모지 한 장마다 'chair', 'refrigerator', 'table' 등을 써 붙여 두고 오가며 눈에 보일 때마다 한 번씩 연습한다고 했다. 그래서 나는 물건이 한 개일 때는 'a chair', 'a refrigerator', 'a table', 여러 개일 때는 'chopsticks', 'flowerpots', 'spoons' 등처럼 수를 표시해서 연습하는 게 좋다고 조언했다. 몇 개월 후에 만난 가은이 엄마는 아이에게 따로 단수, 복수를 설명해주지 않아도 이미 자연스럽게 습득을 해서 신기하다고 말했다. 또한 그녀는 아이와 외출할 땐 포스트잇을 가지고 다니면서 명사에 호기심이 생길 때마다 찾아보고 적어둔다. 집에 들어오면 아이의 방 한 쪽 벽에 명사 포스트잇을 붙인다.

가은이가 영어 명사에 익숙해질 무렵 나는 또 하나의 미국 사람들 사고방식을 설명해주었다. 주어를 I(나는)로 설정하여 아침에 눈 뜨면서 시작해 다시 잠자리에 들기까지 우리가 하는 모든 동작 표현을 적어서 학습하도록 유도했다. 예를 들면 깨어난다, 일어난다, 먹는다, 마신다, 잔다 등과 같은 말이다. I wake up, I get up, I eat, I drink, I sleep처럼 우리가 살아가면서 매일 반복하는 생활 속 기본 동사들을 찾아낼 수 있다. 가은이와 엄마는 하루 동안 하는 동작을 관찰하고 이 동작을 영어로 찾아 포스트잇에 쓰는 것을 바로 실행했다. 눈을 깜빡거린다, 훌짝거린다, 깨물어 먹는다, 밥을 뜬다, 덜어낸다, 양말을 뒤집어 신는다 등등 미처 생각지 못했던 표현들을 찾고는 재미있어 한다고 했다. 명사와는 달리 동사는 명사와 동사를 같이 말하는 습관을 들인다면 영어의 어순에 혼돈하지 않고 바로 말을 할 수 있다.

일상적인 동작을 영어로 말할 수 있는 정도의 동사를 습득했다면 다른 사물이나 동물은 어떤 동작을 하는지 관찰해보기를 가은이 엄마에게 권했다. 포스트잇으로 모아둔 명사 중 자연물이나 동물을 골라서 다음과 같은 어순으로 말하기 연습을 하는 것이다.

The sun shines. The sun rises. The sun sets. The baby smiles. The baby cries. A dog barks. A lion roars.

나는 자연 속의 명사 자료를 가은이 엄마에게 주었다. 그것을 참고하여 그녀는 아이와 거실에 앉아 밖을 보며 명사를 포스트잇에 적어나갔다.

the sun, the sky, the cloud, a tree, a flower, a leaf, a bird, birds, leaves, flowers, trees, the cloud, the tree, the flower, the leaf, the bird.

명사는 집안에도 있다. 애완동물을 키운다면 애완동물을 나열한다. 또한 그림책 속에도 무수히 많다.

a dog, a cat, a baby, a river, a lion, a mountain, rain, rivers, lions, mountains, wind, the river, the lion, the mountain, snow.

가은이와 엄마는 놀이를 시작했다. 벽의 왼쪽에는 명사를 오른쪽에는 동사를 구분해놓고 명사와 동사 이어 말하기를 했다. 아이가 the dog를 고르고 엄마는 shines를 골랐다. 어른들에게 이런 논리적 오류는 틀린 문장으로 인식된다. 하지만 아이는 말이 안 될수록 더 즐거운 놀이라고 생각한다. '개가 빛난다'는 문장을 보고 가은이는 한참 동안 웃었다고 한다. 다음은 가은이와 엄마가 핸드폰의 검색 기능을 이용하여 찾은 문장이다. 명사와 동사를 각각 분리하고 연결하며 말하기를 연습한다. 영어책 읽기 레벨이 올라갈 때 문장 구조를 아는 것은 큰 도움이 된다. 따로 한국식 문법을 배우는 것 보다 효과적이다.

| | |
|---|---|
| The wind blows. | 바람이 분다. |
| The wind howls. | 바람이 윙소리를 내며 분다. |
| Dust rises. | 먼지가 인다. |
| Dust falls. | 먼지가 떨어진다. |
| A dog woofs. | 개가 멍멍거린다. |
| A cat meows. | 고양이가 야옹거린다. |
| Clouds swirl. | 구름이 소용돌이친다. |
| Clouds float. | 구름이 떠다닌다. |
| The wolf howls. | 늑대가 운다. |
| The baby coos and babbles. | 아기가 옹알이를 한다. |

가은이와 엄마는 명사와 동사 이어 말하기 연습을 충분히 하였다. 나는 다음의 활동을 두 손 모아 기다리는 그들에게 조금 더 확장된 문장을 주었다. 바로 명사, 동사, 명사를 이어 말하기로 영어식 사고를 하는 것이다. 모국어인 한국어는 영어를 말할 때 무의식적으로 개입한다. 예를 들면 '나는 책을 읽는다.'라고 말하려는데 I book이 불쑥 튀어 나온다. I read a book을 몰라서가 아니라 모국어의 개입인 것이다. I를 주어로 유창하게 말할 수 있다면 이후에 다른 주어로 말하는 것은 쉬워진다. 가은이는 다음 동사를 포스트잇에 적고 그전에 공부한 명사를 뒤에 붙이면서 문장의 어순을 익히는 것을 놀이로 한다.

eat, brush, boil, see, listen to, write, order, put on, drink, dry, make, watch, drive, put, read, hear, wipe, do, wash, wear, clean, buy, look for.

| | |
|---|---|
| I read text messages. | 문자 메시지를 읽는다. |
| I read the email. | 이메일을 읽는다. |
| I read the subtitles. | 자막을 읽는다. |
| I have a little sister. | 여동생이 있다. |
| I have a dream. | 꿈이 있다. |
| I have books. | 책이 있다. |
| I play games. | 게임을 한다. |

I like my friend. 친구를 좋아한다.

가은이와 엄마는 일상생활 속에서 일어나는 일들을 호기심을 갖고 바라보고 생각하며 영어의 기본 뼈대인 명사와 동사 말하기와 명사, 동사, 명사 말하기를 꾸준히 하고 있다. 이 두 가지 기초 공사를 다지기 위해서는 포스트잇을 활용하는 것이 효과적이다. (추후 문장이 길어지는 두 가지 요소를 더 코칭 받을 예정이다. 그것들은 부사와 형용사이다. 이 두 가지는 내 블로그에 탑재할 예정이다. 블로그를 참고하거나 개인 메일로 코칭 가이드를 제공할 것이다.)

아이들과 영어공부를 할 때 포스트잇을 사용하는 것은 큰 효과가 있다. 이를 활용하여 눈에 단어를 익히게 하라. 또한 우리말과 다른 영어의 어순감각을 익혀라. 어순감각을 익히면 영어공부가 좀 더 쉬워진다. 영어를 듣고 읽을 때는 우리말의 간섭을 전혀 받지 않는다. 하지만 영어로 말하고 쓰기를 할 때에는 모국어의 간섭을 받는다. 그래서 어순이 뒤죽박죽이 되고 정신이 혼란해진다. 그러면 영어공부의 흥미를 잃게 된다. 꾸준히 독서를 해왔지만 읽기 레벨이 올라갈수록 책 읽기를 힘들어 하는 아이들이 있다. 특히 이런 아이들에게 어순감각을 포스트잇을 사용하여 설명해주어야 한다. 그러면 아이는 무리 없이 독서를 즐길 수 있다. 아이들에게 눈에 보이는 어휘와 문장의 어순을 일상생활에 노출하여 자연스러운 습득이 되도록 도와주자.

06

# 독서의 단계별 학습 포인트를 기억하라

엄마들에게 가장 큰 고민 중 하나는 아이의 영어학습이다. 넘쳐나는 정보의 홍수 속에서 어떤 방법으로 영어교육을 진행해야 할지는 그들의 큰 숙제이다. 내 아이에 맞는 영어교육은 무엇일까? 가장 알맞은 방법으로 꾸준히 영어를 할 수 있는 방법은 무엇이 있을까? 이처럼 대부분의 엄마들은 영어교육 방법을 고민한다.

또한 어떤 엄마들은 방법은 알고 있지만 어디서부터 시작해야 할지 난감해한다. 그들은 '책 읽기'가 답이라고 말한다. 그런데 아이의 책 읽기 수준이 어느 정도인지 파악하기가 힘들다고 한다. 나 역시도 영어책 읽기는 가장 중요하고 기초적인 학습이라고 생각한다. 그래서 나는 아이들에게나 부모님들에게 영어책 읽기를 강조한다. 그렇다면 영어책 읽기는 어떤 방법으로 해야 할까?

영어책 읽는 방법은 쉽지만 어렵다. 또 한편으로는 어렵지만 쉽다. 이 말은 어떻게 생각하느냐에 달려 있다고 볼 수 있다. 마음을 느긋하게 먹고 쉽게 접근해보자.

이는 '언어의 본질'을 생각하고 언어의 기능을 알고 있다면 어렵지 않다. 언어는 사람들 간의 의사를 전달하고 받는 것이다. 다시 말하면, 우리는 어떤 정보를 주거나 도움을 요청하고, 친구를 사귀고, 감정을 표현하기 위해 언어를 사용한다. 이렇게 의사소통의 중요성을 깨닫고 시간을 들여야 한다. 단기간에 언어를 마스터하기란 쉽지 않다. 그러므로 단계적으로 꾸준한 습득과 학습을 해야 한다. 더불어 각 단계마다 주의해야 할 학습 포인트를 기억하면 더욱 효과적이다. 하지만 독서 방법이 어렵다고 생각하는 경우는 빠르게 이루려고 하기 때문이다. 그러면 마음이 조급해진다. 그런 마음으로 영어를 접근하면 방법을 알더라도 제대로 할 수 없다.

나는 영어 독서에 있어 시간을 들여야 한다는 것은 모국어를 배우는 것과 같은 이치라고 생각한다. 유치원을 가기 전까지 부모들은 아이에게 책을 읽어준다. 그리고 유치원을 다니면서 스스로 읽기도 하고 부모님이 책을 읽어주기도 한다. 초등학생 저학년 때는 국어를 익히면서 일기를 쓰고 다양한 책들을 읽는다. 그러면서 아이들의 어휘 사용은 유창해진다. 그 후 4학년이나 5학년부터는 본격적으로 읽기가 학습으로 이어지는 경우가 많다. 이렇게 모국어 책 읽기는 10년 이상이 걸린다.

외국어로서 우리는 영어를 배운다. 하지만 모국어가 아니기 때문에 일정 시간을 들이고 있지만 단숨에 영어를 습득하기는 어렵다. 그러니 꾸준히 마라톤을 한다는 마음으로 자신의 속도를 조절하면서 영어책을 읽어야 할 것이다. 그렇다면 마라톤과 같은 책 읽기의 최종 지점은 어디일까? 그냥 무턱대고 달리는 것은 바다 위를 둥둥 떠다니는 배와 같다. 목표가 있는 배는 조금 흔들리기도 하고 돌아가는 일이 있어도 종착지에 도착한다. 예를 들어 우리 아이의 목표가 특목고라면 어느 수준까지 독서를 해야 할까? 또는 일반고라면? 방향이 잡혔다면 다른 학습과 더불어 영어 독서를 체계적으로 해야 한다. 먼저 현재 우리 아이의 독서능력이 어느 수준일까? 어떤 책을 골라야 할까?

"개인의 독서 능력을 나타내는 독서지수와 영어 도서의 수준을 나타내는 도서 지수는 책을 읽는 데 지표가 된다. 이는 아이에게 적합한 영어 도서를 선택하는 데 유용한 지표가 된다"고 전문가들은 말한다. 그것은 AR 지수(ATOS Book Level)와 렉사일 지수(Lexil Measure)가 대표적이다. AR 지수는 미국의 4만 5천여 개 학교에서 사용하는 독서 관리 프로그램 AR(Accelerated Reader)이다. 미국의 교사와 학생, 학부모 사이에 신뢰도가 높다. 또 웹사이트를 통해 원하는 책의 정보를 입력하면 도서의 리딩 레벨을 알 수 있다.

**연령별 렉사일 지수와 AR 지수**(나이와 학년은 미국 기준)

| 나이 | 학년 | 렉사일 지수 | AR 지수 |
|---|---|---|---|
| 7 | 3 | 300 ~ 800 | 1.8 ~ 5.0 |
| 8 | 4 | 400 ~ 900 | 2.2 ~ 6.0 |
| 9 | 5 | 500 ~ 1,000 | 2.7 ~ 7.4 |
| 10 | 6 | 600 ~ 1,100 | 3.3 ~ 9.0 |
| 11 | 7 | 700 ~ 1,200 | 4.1 ~ 11.0 |
| 12 | 8 | 800 ~ 1,300 | 5.0 ~ 13.5 |
| 13 | 9 | 900 ~ 1,400 | - |
| 14 | 10 | 1,000 ~ 1,700 | - |
| 15 | 11 | 1,100 ~ 1,700 | - |
| 16 | 12 | 1,200 ~ 1,700 | - |

렉사일 지수는 미국 20개 주에서 사용되고 가장 공신력이 있는 독서평가 지수다. 렉사일 지수는 나이와 학년에 따라 정해진다. 렉사일 지수는 단어의

빈도수와 난이도 그리고 문장의 길이를 근거로 표기되기 때문에, 렉사일 지수를 근거로 자신에게 맞는 책을 고르면 도움이 된다.

보통 내가 가르치는 아이들은 초등학교 가기 전에 영어를 시작한다. 또는 늦어도 3학년 때 영어학습에 발을 들인다. 이런 아이에게 나는 나이에 상관없이 영어책 읽기로 시작한다.

영어책 읽기의 궁극적인 목적은 무엇일까? 책 읽는 방법을 배워 '스스로 읽는 즐거움'을 갖는 것이다. 그 방법을 익히는 것은 무엇보다 중요하다. 자전거를 타려면 처음에는 중심을 잡고 몸으로 감각을 익혀나간다. 이처럼 타는 방법을 배우고 익혀야 잘 탈 수 있다. 책이 주는 감동과 즐거움을 갖게 되는 그 지점까지 가기 위해서는 읽는 방법을 배우고 많이 읽어야 한다.

미국에서는 2000년대 초반 자국 아이들의 독서교육을 위해 balanced literacy라는 개념을 수업에 도입하기 시작했다. 이는 글을 읽고 쓸 줄 아는 능력을 기르는 것이다. 독서를 위해서 가장 중요한 5가지 요소인 음소 인지, 파닉스, 유창성, 어휘력, 독해력(이해력)을 숙지해야 한다. 문자를 글 속에서 인식하는 것은 중요하다. 그리고 각각의 알파벳 소리 인식과 글자를 조합해서 소리를 익히는 파닉스도 익혀야 한다. 또 원어민이 읽어주는 음원을 들으며 비슷한 속도와 억양을 따라 읽는 것도 필요하다. 그리고 어휘를 익히고 책의 내용을 이해하는 독후 활동도 지향되어야 한다. 이런 모든 활동이 영어책 읽기를 통해 습득되어야 할 요소들이다.

이는 미국뿐 아니라 영어를 외국어로서 배우는 우리 아이들에게도 똑같이 적용되어야 한다. 다양한 책을 많이 읽는 것만 하거나 레벨 올리기 식의 독서는 중간에 실패할 확률이 높다.

나는 많은 책을 읽었지만 글씨만 읽고 무슨 내용인지 모르는 아이들을 본 적이 있다. 그리고 레벨을 올리면서 적정 시기에 학습 포인트를 집어주는 것은 중요하다. 그렇지 않으면 독서 단계만 높아질 뿐 재미도 없고 실력이 오른다는 느낌이 들지 않는다. 그래서 아이는 중도하차할 가능성이 높다. 독서 단계를 높이는 것은 수직적 독서이고 여기에 다양한 활동을 하는 것을 수평적 독서라고 생각한다. 책 읽기를 통한 부가적인 학습의 경험은 깊고 넓은 사고를 할 수 있다.

7살인 민영이는 영어 독서를 처음 시작했다. 그래서 나는 먼저 소리에 노출하기 위하여 영어 동영상을 함께 본다. 영어와 우리말을 적절히 섞어가며 주인공에 대해 이야기를 하기도 하고 가끔 질문을 하기도 한다. 그 후 아이의 인지 발달에 맞는 그림책을 골라 읽어준다. 아이들과 함께 예쁜 그림이 그려진 책을 보고 있으면 나는 행복하다. 동심으로 돌아가 상상의 나래를 펼칠 수 있어서 좋다. 그리고 다양한 그림에는 다음 이야기의 힌트가 있어서 재미를 더해준다. 책을 읽은 후 민영이가 영어 문자에 관심이 있다는 것을 알게 된다.

문자에 관심을 갖고 있다면 파닉스를 인지시키는 것도 중요하다. b, c, d와 같은 단자음의 첫소리는 유치원에서 배워서 다 알고 있기에 a, i, u, o, e 와 같은 단모음의 단어들을 찾아보는 활동을 한다. 아이의 인지 능력에 따라 파닉스는 늘려나간다. 아이들은 어려움 없이 자신의 속도에 맞게 영어책을 혼자 읽을 때까지의 단계를 밟아나간다. 이 시기의 아이들은 새로운 것을 배울 때마다 칭찬을 아끼지 말아야 한다. 새로운 것을 배우는 것이란 익숙해지는 데 시간이 걸리기 때문이다. 모르는 것이 있으면 주입식으로 강요를 하는 것보다는 아이의 수준에 맞는 이야기로 접근해서 알려주면 효과적이다.

민영이는 알파벳 Oo(오우)가 단모음일 때 '아'로 소리 나는 것을 알고 있다. 하지만 단어 속에서 말을 할 때는 top '탑'이라고 읽어야 하지만 '텝'이라고 발음을 한다. 10번을 들려주고 말해주어도 '텝'이라고 한다. 그래서 벌레가 민영이를 물으면 뭐라고 말할 것 같냐고 물으니 '아'라고 대답했다. 바로 Oo(오우)라는 글자도 '아'라고 소리를 낸다고 말한 후 단어들을 읽어나갔다.

어떤 때는 알파벳에 눈, 코, 입을 그려주고 살아 있는 것처럼 그려준 다음

각자의 소리를 낸다고 스토리로 풀어주니 재미있어 하고 오랫동안 기억했다. 어떤 아이들은 파닉스 없이 바로 소리와 글자를 적용시킨다. 하지만 민영이처럼 관심은 있지만 외우기를 힘들어하는 아이에게는 모국어를 적절하게 사용하여 글자를 익히기를 아이에 맞는 방법으로 적용을 한다.

1학년인 호영이는 혼자서 영어책을 읽을 수 있다. 영어 독서 레벨이 1.1~2.0 단계이다. 이 시기의 아이들은 많은 책을 읽는 것이 중요하다. 파닉스를 알고 있는 상태에서 다독을 하면 언어력을 넓힐 수 있다. 파닉스에서 배운 단어들의 쓰임을 다양하게 읽으면 언어의 유창성이 길러진다.

또한 2학년인 유영이는 2.0~3.5단계이다. 이 구간의 아이들은 책 한 권을 정확하게 읽어야 한다. 책을 읽을 때 단어나 문장의 의미를 정확히 알고 어휘 실력과 문장, 그리고 전체 스토리를 파악해야 한다. 책은 읽지만 문장 구조를 모른다면 독서 수준이 올라가더라도 의미 파악이 제대로 이루어지지 않기 때문이다. 또한 정독을 하기 위해서 조금씩 집중할 수 있는 시간을 늘려야 한다.

중학생인 민준이는 3.6~5.0단계이다. 이 구간의 아이들은 어휘량과 유창성에 신경을 써야 한다. 정독과 다독을 적절히 넣어줘야 한다. 또한 영어의 문장구조를 보는 눈을 기르고 한글책의 독서력을 더욱 높여야 한다.

그리고 이제 고등학교를 들어가는 주은이는 4.0-8.0 단계이다. 이 과정은 렉사일 지수 1100으로 지식 독서나 관심 독서를 할 수 있다. 이 단계의 아이들은 내용을 요약하고 자신의 생각을 자유롭게 쓸 수 있는 단계이다.

렉사일 지수와 AR지수는 현재아이의 정확한 시점을 제대로 알고 시작하기에 유용한 것 같다. 아무리 좋은 교재, 베스트셀러라 할지라도 우리 아이가 읽기에 너무 쉽거나 너무 어렵다면 책 읽기가 재미있을 리 없다. 또한 우리 아이가 영어를 잘한다고 하여 높은 수준의 영어책 읽기에만 도전한다면 아이는 내용을 전혀 이해하지 못할 수도 있다. 아이가 한글을 잘 읽는다고 하여 성인소설을 읽게 하지 않듯이 말이다. 그렇기 때문에 우리 아이가 읽기 적절한 수준의 언어인지와 연령에 알맞은 내용인지를 먼저 파악해야 한다.

또한 아이가 책을 재미있게 읽으려면 평소 아이가 좋아하는 주제의 책을 선택해주셔야 한다. 만약 아이가 곤충이 등장하는 책을, 공룡을 좋아하는 아이라면 공룡에 관한 책을, 자동차나 우주를 좋아하는 아이라면 그에 관련된 책을 읽게 하는 것이다. 평소 좋아하는 분야의 책이니 아이는 영어라는 부담보다 내용이 주는 즐거움에 더 흠뻑 빠지게 될 뿐만 아니라 모르는 단어나 어려운 어휘도 배경지식을 통해 쉽게 습득할 수 있을 것이다.

책을 한 번 읽었다고 끝이 아니다. 아이가 어떤 책을 읽었는지 독서 기록장을 만들어보자. 이야기 속에서 누가 주인공이었는지, 어떤 일이 벌어졌는지 줄거리를 적어보게 한다. 또는 가장 재미있었거나 마음에 들었던 문장을 따라 쓰게 하는 것이다. 이렇게 읽기와 연계된 쓰기활동을 진행하게 되면 아이는 이야기를 좀 더 구조화하여 읽게 된다.

07

# 엄마와 아이가 함께 영어공부를 하라

"저는 영어를 잘 못하는데요. 발음도 그렇고…. 학원을 보내자니 금액 대비 우리 아이에게 맞지 않을 것 같고, 집에서 엄마표로 하자니 실력이 부족하고…. 어떻게 해야 할까요?"

엄마표로 영어공부를 시켜야 하나, 학원을 보내야 하나 결정을 못 내린 한 엄마의 고민이다. 나는 엄마표 영어를 하든 학원에서 영어를 공부시키든 학습 후 점검이 중요하다고 생각한다. 어떻게 하면 아이가 어려움 없이 영어공부를 할 수 있을까? 아이의 장점은 콕 집어서 칭찬해주고 어려워하는 점은 매의 눈으로 찾아내어 보강시켜주면 된다.

이 부분은 조금만 관심을 기울이면 가능하다. 엄마는 그 누구보다 우리 아이를 잘 알고 있다. 그래서 제일 잘 코칭할 수 있다. 엄마가 영어를 꼭 잘해야 하는 법도 없다. 잘 못하더라도, 조금 부족하더라도, 영어에 대한 관심과 최소한의 열의만 있다면 얼마든지 아이를 도울 수 있다. 단순한 지식을 찾는 것은 스마트폰 어플을 이용하면 모든 궁금증을 해결할 수 있다. 또한 컴퓨터로도 가능하다. 하지만 아이의 심리적인 어려움은 엄마가 옆에서 용기를 주면 아이는 헤쳐나간다.

엄마들의 성격이나 선호도에 따라서 아이와 영어공부를 하는 모습을 다양하게 봐왔다. 물론 아이와 자연스러운 대화로 즐겁게 영어공부를 하는 분들이 많다. 또한 엄마와 약간의 심리전으로 영어공부를 하는 아이들의 사례를 들었던 적이 있다. 하지만 주의할 점은 영어가 단숨에 끝나는 것이 아니라는 점이다. 어떤 아이가 장기적으로 흥미를 잃지 않고 영어공부를 할 수 있을까? 답은 모두 알고 있다. 아이와 함께 영어공부를 하는 여러 가지 방법들이 있지만 여기서는 내가 경험한 몇 가지 사례를 들어볼 것이다.

혜진이는 현재 초등학교 2학년이다. 초등학교 1학년 겨울방학부터는 내용이 짧은 동화책을 가지고 엄마와 함께 '읽기 시합'을 한다. 재미난 문구 중 한 문장을 먼저 외우기, 따옴표 속의 대사를 더 예쁘고 실감 나게 말하기, 음원 한 번 들어보고 똑같이 따라 말하기, 세 줄씩 끊어서 이 세 줄을 먼저 외우기 등 다양하게 시합을 즐긴다. 혜진이가 더 잘 외운다. 오히려 엄마는 외우다가 까먹을 때도 있다. 엄마가 못 외운 척하면 아이가 먼저 '해보겠다'고 나서기도 한다. 엄마와 아이는 책 한 권을 가지고도 시합하듯이 읽기를 한다. 그러면, 아이가 경쟁을 통해 활력과 자신감을 가지고 영어를 접하게 된다. 독해를 할 때도 가능한 책 속 문장들은 각인시켜 아이의 것이 되도록 노력한다.

나는 혜진이 엄마에게 지금처럼 영어 읽기를 하는 이유를 물어보았다. 그녀는 다음과 같이 말한다.

"책 읽기를 놀이처럼 시키면 사실 남들보다 뒤쳐질 수도 있어요. 학원이나 다른 엄마들처럼 화학기호 외우듯 무조건 암기를 시키면 더 편할 수도 있고요. 하지만 조금 늦더라도 아이가 즐겁게 외우는 습관을 서서히 갖도록 해주고 싶었어요. 함께 읽기 시합을 하며 경쟁의식이 생기고 더 열심히 하고 싶은 동기부여도 심어줄 수 있었지요. 무엇보다도 이런 방식의 영어공부를 통해 스스로 해낼 수 있다는 아이의 자신감에 저도 만족한답니다."

혜진이는 밝고 명랑하다. 엄마의 성격을 닮기도 했지만, 엄마와의 재밌는 책 읽기를 통해 나오는 좋은 에너지가 느껴진다. 읽기 시합 중에 따옴표 속의 대사를 실감나게 외우는 장면은 흥미롭다. 예쁘게 말하고 있는 엄마와 아이의 모습을 상상하면 재미있고 웃음이 절로난다. 재미있는 반면 영어 '말하기'까지 쑥쑥 성장하는 아이도 기대가 된다. 영어를 평면적으로만 접근하는 것은 사실 지루하다. 아이에게 영어는 공부가 아닌 엄마와의 좋은 경험을 쌓아가고 있는 느낌일 것 같다.

초등학교 3학년인 현서는 영어학원에 다닌다. 현서가 제일 싫어하는 것은 단어 암기와 쓰기이다. 현서 엄마의 고민을 들었다. 그리고 나는 현서가 어떻게 하면 그 문제를 해결할 수 있을까 생각했다. 현서는 말하는 것을 좋아했다. 노래하는 것도 즐겼다. 〈쇼미 더 머니〉라는 TV 프로그램을 즐겨본다. 그리고 '래퍼'가 되는 것이 꿈이라고 했다.

나는 현서 엄마께 단어를 랩처럼 외우는 방법을 코칭해 드렸다. 예를 들어 'apple(사과)'를 외울 때 쓰거나 입 속으로 중얼거리지 않고 "a, p, p, l, e(에이, 피, 피, 엘, 이)"라고 소리 내어 말하게 했다. 현서는 스펠링을 달달 외우는 것이 익숙하지 않아서 'bury(파묻다)'의 스펠링을 헷갈려 'bery'라 쓰기도 했다. 'Wednesday(수요일)'의 스펠링도 헷갈려 했다. 이것을 손으로 쓰면서 외우는 것보다는 입에 익히는 것이 더욱 효과적이다.

"b, u, r, y (비, 유, 알, 와이), 베리, 파묻다, bury, bury!"

입으로 소리를 내어 외우면 입근육을 움직였던 것이 경험 기억이 된다. 눈으로만 외우는 것 보다 입으로 익히면 절대 실수하는 법이 없다.

'Wednesday'처럼 음절이 긴 단어는 "더블유 이 디 / 엔 이 에스 / 디 에이 와이"로 음절을 끊어 리듬을 타는 것이다. 그리고 'juice'의 맨 마지막 모음을 빼먹을 수 있는 단어는 중요 부분의 억양을 높여서 "제이 유 아이 / 씨 이" 하고 소리를 더 크게 내면서 외우니 학원에서 보는 단어 시험에 실수하지 않고 다 맞을 수 있었다.

다행히 엄마도 현서처럼 노래하는 것을 좋아했다. 현서의 랩을 들으며 그동안 익숙해져 있었다. 현서는 단어를 즐겁게 자신의 스타일대로 외운다. 그 후 영어가 점점 재미있어진다고 했다. 입으로 소리 내어 단어를 외우는 것에 요령이 생겼다. 그래서 하루에 50개 이상을 외울 수도 있다고 자부심까지 생겼다. 그리고 엄마는 아이와 함께하는 시간이 마냥 즐겁다고 했다.

소율이는 혼자서 영어책 읽기를 싫어한다. 그리고 7살 때부터 학원을 잘 다니다가 8살 무렵 영어를 쉬고 있다. 아이는 영어로만 쓰여 있는 책들을 보면 왠지 모를 거부감을 표현해서 엄마는 몇 날 며칠을 고민했다고 했다. 나는 소율이 엄마의 걱정을 듣고 쌍둥이 책을 권해드렸다. 한국어와 영어의 두 버전으로 나온 쌍둥이 그림책을 통해 다행히 아이는 자연스럽게 영어책을 읽을 수 있었다. 그림과 페이지까지 똑같고 그 안의 글만 한국어와 영어 버전으로 따로 나뉜 쌍둥이 그림책은 시중에 많이 나와 있다. 엄마는 『콩쥐팥쥐』, 『소녀 심청』과 같은 전래 동화, 『신데렐라』 같은 외국 동화, 생활 그림 동화 등 다양한 장르의 쌍둥이 책들을 소율이에게 사주었다. 나중에 엄마는 말했다.

"아이가 우리말 책을 먼저 즐겁게 읽고 나서 똑같은 책을 영어 버전으로 접하면 굳이 해석을 해줄 필요 없이 책 내용을 바로 이해하며 즐길 수 있어서 좋았어요."

엄마는 구연동화 과정을 수료해서인지 아주 맛깔스럽게 책을 읽어주었다. 그리고 나서 쌍둥이 책으로 역할 놀이도 했다. 소율이는 『신데렐라』 이야기를 매번 반복해서 읽어 달라고 했다. 셀 수 없이 읽은 결과 이야기 속의 대사를 모두 외우게 되었다고 한다.

아이에게 적정한 배경지식은 영어를 공부하는 데 도움이 된다. 전체 이야기 스토리와 다양한 문구들도 쉽게 익힐 수 있다. 예를 들어 우리말 책 속에 '그는 돌아가셨어요'가 나오고, 그 대목을 영어책으로 읽었을 때 'He passed away.'가 나오면 그것을 숙어로 설명해줄 필요 없이 '돌아가셨어요.'라는 뜻을 바로 알게 된다. 쌍둥이 책을 읽을 때 큰 도움을 주는 것은 모국어의 힘이다. 우리말 책을 많이 읽을수록 영어 단어와 숙어들도 더 많이 알게 된다. 예를 들어 '수도'라는 단어 뜻을 충분히 알지 못하는 어린이에게 영어로 'capital'부터 가르친다는 것은 어렵게 느껴진다.

소율이 엄마에게 저학년 때 모국어를 강하게 하기 위해 우리말 책을 많이 읽히기를 조언해드렸다. 소율이 엄마는 깨달음을 전해주셨다.

"아이가 영어책을 왜 싫어했는지 이제야 알았어요. 우리말 책 읽기를 먼저 해야 하는 게 중요하네요."

우리말 실력이 풍부하지 않으면 영어 그림책을 읽을 때에도 막힘이 많다. 그러니 아이는 영어책 읽기에 거부감을 느끼는 경우가 많다. 나는 영어를 잘하기 위해서는 우리말부터 잘해야 하고 한글책부터 많이 읽혀야 한다고 생각한다.

나는 직장을 다니고 있는 엄마들을 대상으로 효과적으로 '우리 아이 영어책 읽기'를 코칭한다. 일주일에 한 번 만나서 한 주 동안 아이와 어떤 책을 읽었고 아이의 반응은 어땠는지 아이 엄마께 피드백을 드린다. 전체적인 영어 로드맵은 시중에 나와 있는 영어공부법 책을 보면 자세히 알 수 있다. 하지만 우리 아이만의 방법을 엄마 스스로 고민을 하는 것이 중요하다. 그러면 남을 따라 가느라 지치지 않고 우리 아이만의 영어교육에 집중할 수 있다.

위의 혜진이, 현서, 소율이 엄마처럼 영어공부는 아이 혼자서 하는 것이라고만 생각하지 않았으면 한다. 아이의 역량을 관찰하고 성향을 파악하여 우리 아이만을 위한 방법으로 이끌어줄 사람은 바로 엄마이기 때문이다. 원어민처럼 영어가 능숙하지 않다고 걱정하지 않아도 된다. 아이는 엄마의 실력보다는 엄마가 자신과 함께 있다는 것에 큰 자부심과 안도감을 느낀다.

08

# 하루 30분 큰 소리로 읽고 말하게 하라

나는 매일 인생의 최고의 시간을 보내기 위해 노력한다. 그래서 아침에 눈을 뜨면 마음의 힘을 키워주는 멋진 글을 큰 소리로 읽는다. 나는 2년 전에 만성 질병을 앓았다. 그 병은 마음과 연결되어 있음을 깨달았다. 그동안 나의 의식이 걱정과 두려움 속에 있음을 알게 되었다. 그래서 의식을 높일 멋진 글을 읽고 용기를 낸다. 그리고 나의 의식을 사랑과 평온으로 끌어올린다. 그러려면 나의 무의식 세계를 바꾸는 것이 먼저였다. 무의식 세계를 바꾸는 것은 쉽지 않다. 그래서 마음을 단단하게 하는 좋은 글은 반복적으로 읽고 가슴에 새긴다. 나의 삶을 긍정적으로 바라보고 나를 위대하게 여길 때 우리의 삶은 더욱 풍요로워지기 때문이다.

다음은 조성희의 저서 『마인드 파워로 영어 먹어버리기』에 나오는 글의 일부이다.

Today is the beginning of my new life.
오늘은 나의 새로운 삶이 시작됩니다.

I am starting over today.
나는 오늘을 다시 시작합니다.

All good things are coming to me today.
모든 좋은 일들이 오늘 나에게 펼쳐집니다.

I am grateful to be alive.
나는 살아 있음에 감사합니다.

I see beauty all around me.
나는 나를 둘러싼 모든 것들의 아름다움을 보고 느낍니다.

I live with passion and purpose.

나는 열정과 목표를 가지고 살아갑니다.

…(중략)…

I am free to be myself.

나는 스스로 자유롭습니다.

I am magnificence in human form.

나는 인간의 모습을 한 위대한 존재입니다.

I am the perfection of life.

나는 생의 완전체입니다.

I am grateful to be me.

나는 나인 것에 감사합니다.

Today is the best day of my life.

오늘은 내 삶에 있어서 최고의 날입니다.

긍정과 희망으로 가득한 이 글은 큰 소리로 읽고 나면 기분이 좋아진다. 말은 위대한 힘을 가지고 있는 것 같다. 큰 소리로 말할 때 그 힘은 더 커진다. 그리고 말한 사람이 실행을 하도록 한다. 마치 마법의 주문과 같다. 주의할 점은 의심하지 않는 것이다. 그대로 믿으면서 감사하는 마음을 갖는 것이 포인트다. 그렇다면 아이가 영어를 하루 30분 크게 읽고 말하게 하면 어떤 변화가 있을까?

명진이는 초등학교 5학년이다. 아이는 영어책 낭독을 한다. 소리를 내서 읽으면 먼저 아이 자신이 듣는다. 그리고 눈으로 봄으로써 기억력을 향상시킨다. 또한 입을 움직여서 말을 하면 뇌 속의 운동감각을 깨워준다. 명진이는 영어책을 소리 내서 읽고 나서 어휘력이 향상되었다. 책 속에는 일상적인 언어를 넘어 풍부한 어휘들이 있다. 이 풍성한 어휘는 아이가 깊이 있는 사고를 할 수 있도록 도와준다. 그리고 깊게 사고할 줄 아는 아이는 꾸준한 노력 후 문장의 구성을 자연스럽게 알게 된다. 그리고 중고등학교를 가서 시험을 위한 영어에서도 단순한 지식을 암기하고 있느냐 보다 깊고 넓게 생각하는 능력을 갖고 있는지 평가하는 것에 강하게 된다. 아직은 어리지만 책을 소리 내서 읽음으로써 얻는 어휘량으로 깊은 생각을 펼칠 명진이를 생각하면 가슴이 뛴다.

우리 나라는 일상생활에서 영어를 쓰지 않는다. 그래서 눈으로만 보는 영어는 지식으로 기억될 수 있다. 이것은 말까지 이어지는 것은 불가능하다. 그 지식들은 한낱 연기에 불과하기 때문이다. 소리 없이 날아가버린다. 하지만 소리 내서 읽는 것은 말을 하는 효과가 있다. 우리 두뇌를 자극하면서 지식을 경험으로 만든다. 경험을 하면 기억은 오래간다. 바로 장기기억으로 넘어가는 것이다.

2018년 평창 동계올림픽을 유치하기 위한 최종 발표가 있었다. 나승연 대변인은 유창하고 격조 있는 영어와 불어 실력으로 세계를 감동시켰다. 그녀는 뛰어난 외국어 실력을 갖게 된 비결을 묻는 기자에게 대학에서 불어를 전공했는데, 통역대학원도 다니지 않았다고 말한다. 어릴 때부터 책을 소리 내서 읽는 버릇이 있었는데 그게 큰 도움이 되었고, 오랫동안 습관이 붙다 보니 외국어에 익숙해진 것 같다고 언급한다. 또한 외국에 가서 공부한다고 다 잘되는 것은 아닌 만큼 영어로 말을 할 수 없으면 소리 내서 읽는 것을 꾸준히 해야 한다고 강조한다. 영어 방송이나 드라마, 영화 등을 보면서 그 사람에 대한 흉내를 내는 것도 한 방법이고, 좋아하는 사람의 스타일을 따라서 하는 것도 필요하다고 말한다.

나승연 대변인은 각 신문사 인터뷰에서 본인의 외국어 실력에 대해 겸손한 반응을 보였다. 그렇지만 그녀의 프레젠테이션을 시청해본 사람은 그녀가 말하는 영어 비결이 평범하지만 무게감 있게 느껴질 것 같다.

그녀는 외교관인 아버지를 따라 어린 시절부터 각국을 돌아다니며 외국어를 배웠다. 고등학교 시절에 우리나라로 귀국했던 경험을 가지고 있다. 하지만 그녀가 말하는 영어 잘하는 비결은 단순 명료하다. '영어책을 소리 내어 읽은 것'을 마법의 열쇠로 표현한다.

위에서 볼 수 있듯이 외국에서 공부한다고 외국어를 잘하게 되는 것이 아니다. 나는 한국의 많은 유학생들이 한국 학생끼리만 생활하다가 영어는 배우지 못하고 돌아오는 경우를 본 적이 있다. 나는 호주에 워킹홀리데이 비자로 영어공부를 하러 간 적이 있었다. 나 역시도 한 달 동안은 답답하고 초조한 마음에 한국인들과 생활을 했다. 그리고 그것이 편하고 즐거웠다. 어느 날 정신을 차리게 되었다. 그리고 외국인 집에서 생활하며 영어를 배워야겠다는 다짐을 한다. 신문을 뒤적이며 집을 구했다. 현지인의 집에서 다른 나라 친구들과 지내며 의사소통을 한 뒤로는 영어에 대한 자신감이 올라갔다. 스스로 영어를 입으로 말해볼 기회를 만드는 노력은 중요하다. 자꾸 영어를 말해봐야 실력이 늘 수 있다. 그런데 영어권 국가에서 태어나지 않은 우리 아이들이 영어를 말해볼 기회는 얼마나 될까?

영어책을 소리 내서 읽는 것은 외국어로서 영어를 배우는 우리 아이들에게 효과적인 방법이다. 부족한 영어 사용 기회를 얻을 수 있기 때문이다. 스스로 소리 내어 읽으면 '말하는 사람이 최초로 먼저 듣는 사람'이 된다. 그리고 듣고, 말하고, 읽는 3가지 영역을 동시에 할 수 있다. 다시 말하면 시각, 청각, 운동 및 신체 감각 영역을 활성화시킨다. 자전거 타는 법을 처음 배울 때 모든 신경이 곤두서야 타는 법을 제대로 배울 수 있는 것과 같다. 새로운 언어를 배울 때에도 가능하면 다양한 신체 감각을 사용할 때 효과적이다. 이 목적을 달성하기 위해서 소리 내어 읽기는 큰 성과를 얻을 수 있다. 자전거 타기에 능숙해지면 자전거를 타면서 동시에 음악도 듣고 다른 생각도 할 수 있다. 따라서 '하루 30분 큰 소리로 읽고 말하기'를 실천해야 한다.

PART 5

# 우리 아이 영어, 지금 시작합니다

01

# 10년 후의 아이 미래를 그려라

미국의 심리학자 단 카스터 목사는 "사람이 무엇을 반복하여 생각하고 있으면, 정신력은 그것을 생각하고 있는 심상 그대로 실현시켜놓는다."라고 말한다. 다시 말하면, 자기가 원하는 것을 늘 마음속 깊이 새기고 있으면 바라는 그 모습대로 되어간다는 것이다.

나는 요즘 이 말을 실감한다. 한 달 전 서점에서 책을 뒤적이다가 모치즈키 도시타카의 『당신의 소중한 꿈을 이루는 보물지도』라는 책을 발견했다. 이 책에서 작가는 자신의 꿈을 시각화하는 보드판 만들기를 제안한다. 나는 반

신반의하며 실행해보기로 했다.

사실 아이들을 키우면서 꿈이 뭔지 잊고 산 지 오래였다. 그래서 막상 생각이 나지 않았다. 신랑에게 갖고 싶은 것이 무엇인지 물었다. 신랑은 내가 살고 있는 도시에 부자들이 살고 있기로 유명한 스마트시티 아파트에 살고 싶다고 했다. 나는 타고 싶은 차는 무엇이냐고 물었다. 외제차를 타고 싶지만 차에는 욕심이 없다면서 K9 차를 타고 싶다고 했다. 나는 신랑의 꿈을 이루어주고 싶었다. 그리고 나 역시도 막연히 좋은 아파트와 좋은 차를 타고 싶기도 했다.

나는 바로 자동차 대리점에 연락을 했고 K9 시승 예약을 잡았다. 그리고 아파트를 직접 가서 구경했다. 스마트시티 가까이에 있는 부동산에 가서 집을 알아보았다. 아파트와 차를 사진을 찍은 뒤 인화를 했다. 돌아오는 길에 보드판을 사오고 사진을 먼저 붙였다. 그동안 모아놓았던 인테리어 사진과 아이들과 여행하고 싶은 장소도 함께 붙였다. 목표를 정하고 마음을 먹으니 내가 행동을 하고 있는 것이 신기했다.

그 다음 긍정확언을 예쁘게 타이핑했다. 프린트해서 가위로 잘라 사진 밑에다가 붙였다. 그중에서 너무 신기한 것은 나도 모르게 '나는 베스트셀러 작가이다.'라고 타이핑을 치고 있는 게 아니가? 가위로 자르면서 '뭐지?'하는 생각이 들었다. 그래도 '오렸으니 붙여보자.'라고 생각하고 그냥 붙였다. 지금 생각해보아도 신기하다. 나의 무의식 깊은 곳에서 원했던 것일까?

한 달이 지난 지금 나는 작가의 길을 걷고 있다. 사실 나는 책을 많이 읽기는 했다. 아이들에게 독서교육도 열심히 시켜왔다. 아이들에게 글쓰기 교육도 꾸준히 하도록 지도했다. 하지만 '내가 작가가 되고 싶다'는 생각을 품고 있는 것을 나중에 알게 되었다. 나의 무의식 속에서는 내가 하고 싶었기 때문에 아이들에게 독서와 글쓰기를 강조하고 있었던 것 같다. 아이들은 사춘기가 오고 자신이 하고 싶은 일만 하기를 원했다. 나는 결심했다. 아이들에게 바라는 것 대신 내가 독서 영재가 되고 작가가 되기로 말이다. 그러다가 어느 날 책 쓰기 특강을 참여한 후 작가가 되었다. 첫 번째 책으로 공동 저서 『보물지도22』를 출간했다. 그리고 이제는 개인 저서를 쓰고 있다.

신랑 역시 차를 계약해놓은 상태이다. 이번 년도 말에 직장을 그만두고 사업을 하게 된다. 그래서 퇴직 선물로 우리가 계획했던 차보다 더 좋은 것으로 계약을 하게 되었다. 벌써부터 내년이 기대된다. 사업을 하면 수입은 늘어날 것이고 우리의 버킷리스트는 하나씩 이루어질 것을 확신한다. 생각만 해도 가슴 뛴다.

월트 디즈니는 어려서부터 큰 꿈을 품었다. 돈을 벌어서 만화영화사를 차리는 꿈이다. 그래서 열심히 살았다. 초등학교 때는 매일 새벽 3시에 일어나 신문 배달을 했다. 어른이 되어서도 하루도 쉬지 않고 부지런히 일했다. 실패를 거듭하다가 디즈니는 재능과 노력만으로는 부족하다는 것을 깨닫는다. 그래서 매일 밤 눈을 감고 자신의 꿈이 이루어지는 모습을 생생하게 그려보기 시작한다. 그때부터 그의 인생은 달라지기 시작했다. 〈미키 마우스〉 시리즈, 〈피노키오〉 등 재미있는 만화영화를 많이 만들었다. 그리고 꿈의 궁전인 〈디즈니랜드〉를 지어 많은 어린이들에게 꿈과 희망을 선물했다.

나는 월트 디즈니처럼 상상하는 구체적인 방법을 최근에 알게 되었다. 그 전에는 '꿈이 이루어진 모습을 생생하게 그려본다는 것'은 막연했다. 하지만 꾸준한 명상을 하면서 생각과 몸을 정화하고 나니 조금씩 가슴으로 느껴졌다. 그 후 아이들에게 미래에 대한 대화를 종종 시도한다. 10년 후에 무엇을 하고 있을 것인지 생각해보기를 권한다. 조금씩 아이들도 마음을 열고 자신의 꿈을 말해준다.

꿈을 그리는 상상은 느낌이 중요하다. 만약 선생님이 되고 싶으면 아이들을 가르치는 자신의 모습을 생생하게 그려보는 거다. 생생하게 그려본다는 것은 무엇일까? 원하는 상황을 영화를 상영하듯이 묘사하는 것이다. 이때 오감을 사용하면 더 실감이 난다. 무슨 소리가 들리는지, 무엇이 주변에 보이는지, 좋아하는 향을 상상해도 좋다. 또 아이들을 가르치면서 '어떤 표정을 짓고 있을까? 무슨 과목을 가르치고 있을까? 어떤 옷을 입고 있을까?' 등 구체적으로 상상을 하는 것이다. 이때 의심은 금물이다. 실제로 그 꿈이 이루어져 있는 상태를 영화처럼 찍는 것이다. 그 모습을 향해서 노력을 하면 반드시 이루어진다. 생각만 해도 행복하다. 이런 감정을 통해 꿈을 이루고자 하는 동기가 생기고 노력하게 된다.

최근 나는 영어 수업을 하면서 아이들과 목표 관리 시트를 작성했다. 아이들 역시 자신의 꿈을 말하는 것을 막연해하였다. 그래서 나는 질문을 던졌다. 아이들은 하나씩 대답했다. 나는 그 대답들을 적고 문장으로 만들어주었다.

4학년의 지우는 요리사가 꿈이다. 나는 어떤 요리사가 되고 싶은지 물었다. 피자를 만드는 요리사가 되고 싶다고 했다.

"지우가 10년 후는 몇 살일까?"

"21살이요."

"그러면 그때 지우는 무엇을 하고 있고 어떤 모습일 것 같아?"

"잘 모르겠어요."

"10년 후에 대학교 2학년 맞지?"

아이의 표정을 보니 아주 먼 미래를 그리는 것 같았다. 초등학생 중학생 고등학생을 거쳐 대학생까지 "나는 어떤 모습을 하고 있을까?" 하고 꿈을 주기적으로 떠올려야 한다. 그러려면 연습이 필요하다. 아이가 명확한 꿈을 가질 때까지 질문을 해주어야 한다. 그러면 아이는 반복적으로 자극을 받는다. 그러다가 적정한 때 책을 본다든지 어떤 상황이 닥쳤을 때 영감이 떠오를 것이다. 그리고 나름대로 미래를 생각하게 되고 조금씩 구체화할 수 있을 것이다.

어떤 아이들은 미래의 꿈이 확실하기도 하지만 어떤 아이는 지우처럼 막연해한다. 그래서 자주 대화를 해서 자신의 생각을 꺼내줘야 한다. 아이들의 눈높이에 맞는 위인의 예를 들어서 설명을 해주는 것이 효과적이다.

우리 딸 소연이에게 꿈을 물었다. 소연이는 수의사, 요리사, 가수, 의사, 연예인, 아이돌 가수, 선생님이 되고 싶다고 했다. 어릴수록 아이들은 되고 싶은 것이 많다. 다양한 꿈을 갖고 싶은 소연이에게 무슨 말을 해주면 좋을까 생각하다가 위인전을 읽어주었다. 책을 통해 다른 사람의 생각을 알게 된다. 그리고 자신의 꿈을 구체화하고 실천하는 방법까지 간접 체험할 수 있다.

영화 〈터미네이터〉의 주인공인 아놀드 슈왈제네거는 미국 할리우드에서 가장 성공한 배우 중 한 명이다. 그는 2003년에 캘리포니아 주지사가 되어 정치가로서도 크게 성공했다. 그는 아이들에게 멘토가 되어 이렇게 말한다.

"나는 어릴 때부터 꿈을 아주 구체적으로 정해두었어. 그리고 내 꿈을 주위 사람들에게 모두 알렸지. 그 덕분에 나는 꿈을 이룰 수 있었단다."

그는 이렇게 먼저 선포를 했다.

'첫째, 할리우드에서 가장 성공한 액션 영화배우가 되겠다. 둘째, 2005년에 캘리포니아 주지사가 되겠다.'

꿈이 막연하다면 어떤 일을 먼저 해야 할지 우리는 알 수 없다. 액션 영화 배우가 되겠다는 꿈을 다짐한다면 바로 어떻게 해야 할지 방법을 찾게 된다. 그리고 그 방법을 행함으로써 꿈을 향해 더욱 가까이 가게 된다. 그는 아이들에게 꿈을 이루고 싶으면 지금부터라도 어떠어떠한 선생님이 되고 싶은지 구체적으로 생각해보라고 권한다. 구체적으로 정한 다음에 주위 사람들에게 꿈이 무엇인지 알려야 한다고 강조한다. 우리 아이는 10년 후 미래를 향한 꿈이 있는가?

성장 과정에서 확고한 꿈을 가진 아이가 있다. 그리고 매번 꿈이 바뀌는 아이들이 있다. 어떤 아이든지 미래가 있는 아이는 공통점이 있다. 매사에 의욕이 있다는 것이다. 성취 동기가 있는 아이는 호기심이 많다. 그뿐 아니라 모험을 하고 난 후 실패를 하더라도 다음에 해야 할 일에 교훈으로 여긴다. 나를 포함한 부모들은 우리 아이의 성취 동기를 북돋우기 위해서 성공한 사람의 이야기를 들려줘야 한다. 또한 위인전과 같은 책을 읽혀도 좋다.

나도 한때는 아이들이 순종적이기를 바란 적이 있다. 하지만 아이들에게 무조건적인 순종을 강조하면 모험심이나 창조하는 능력이 상실됨을 알았다. 우리는 적극적으로 아이의 생각을 존중하고 아이가 꿈을 그리도록 도와주어야 한다.

02

# 꾸준한 노력으로 영어에 날개를 달게 하라

강수진은 세계 최고의 발레리나를 꿈꾸며 매일 피나는 연습을 했다.

"아침에 눈을 뜨면 늘 어딘가가 아프고, 아프지 않은 날은 '내가 연습을 게을리했구나.' 하고 반성하게 돼요."

강수진은 새벽 5시면 일어나 연습을 시작했고, 밤 열두 시가 넘은 시간에도 연습실로 향했다. 1년에 1,000여 켤레의 토슈즈가 닳아 떨어지도록 연습한 그녀의 발은 마치 나무뿌리처럼 굳은살로 가득했다. 단원 시절부터 '재능보다 중요한 것은 연습이다.'라고 생각하며 끊임없이 연습한 강수진은 현재 독일 발레단 최고의 무용수가 되어 세계 무대에서 당당히 활동하고 있다.

사실 나는 언어에 재능이 없는 편이다. 그래서 예습과 복습을 아주 많이 해야만 기억할 수 있었다. '재능보다 중요한 것은 연습이다.'라는 교훈을 마음에 새기고 꾸준히 노력했던 것 같다.

'새벽을 정복할 거야.'

20대에 나의 영어공부는 본격적으로 시작되었다. 그 당시 '오성식의 굿모닝 팝스'를 아침마다 듣기로 다짐했다. 사실 나에게는 새벽이나 다름없었다. 충분한 잠을 자는 것이 크나큰 즐거움 중의 하나였기 때문이다. 라디오를 켜 놓고 영어 표현을 듣고 있노라면 자장가처럼 들렸다. 그래서 몇 날 며칠을 켜고 자고 하다가 포기를 했다. '난 안 되는구나. 새벽을 정복하는 사람은 따로 있어.'라고 생각하며 다른 방법을 찾았다.

결국 나는 새벽반 학원을 등록한다. SDA라는 학원이었다. 매일 아침 학원에서 2시간가량을 공부하고 출근을 했다. 부지런한 학생들을 보면서 자극을 받아 '나도 할 수 있다'는 용기를 얻었다.

나는 낮에는 8시 30분부터 4시 30분까지 삼촌이 경영하는 작은 회사에서

경리 업무를 맡아서 일했다. 삼촌의 도움으로 야간대학을 다니며 공부를 했다. 낮에 손님이 없을 때는 언제라도 공부할 시간을 주셨기에 아침에 배운 영어를 복습할 수 있었다. 삼촌 덕분에 2년 동안 꾸준히 공부하여 관광영어통역과를 졸업할 수 있었다.

이렇게 영어회화를 정복하고 나니 영어공부를 더 하고 싶어졌다. 그래서 영어영문과로 편입을 하게 된다. 영국과 미국 문학을 읽으며 일상 영어로 말하는 회화와 다른 매력을 느끼게 된다. 그래서 여러 문학작품을 읽으면서 시간이 어떻게 지나가는 줄 모를 정도로 지냈다. 그 후 나는 '영어교육을 하고 싶다'는 나의 느낌을 실천하게 된다. 그래서 영어교육대학원에 들어가게 된다. 교생 실습을 마치고 영어교육자격증을 받고 지금까지 영어교육을 하고 있다. 오늘도 나는 꾸준한 노력을 할 수 있게 도와준 삼촌께 감사드린다.

미켈란젤로는 바티칸 교황청의 부탁으로 새로 지은 시스티나 성당의 거대한 천장화를 그리게 되었다. 천장화를 그리는 것은 매우 힘든 일이었다. 그런데도 미켈란젤로는 구석에 있는 인물까지 정성껏 색칠하고 세세하게 표현했다. 그를 지켜보던 제자는 물었다.

"밑에서는 잘 보이지도 않는데 왜 그렇게 꼼꼼히 색칠하세요?"

미켈란젤로는 대답했다.

"내 눈에 보이지 않는가! 진정한 예술품은 단 한 곳이라도 흠이 있어서는 안 된다네. 그리고 내 예술에서 완벽을 만들어내는 도구는 오직 성실함뿐이지."

미켈란젤로는 그의 성실함으로 결국 거대한 천장화 〈천지창조〉를 완성했다.

3학년 때 영어공부를 본격적으로 처음 시작한 성실한 아이 서연이가 있다. 서연이는 자신과의 약속이 철저한 아이였다. 어른들이 시켜서 하는 것이 아이라 자신을 믿고 행하는 아이이다. 숙제하기와 시간 지키는 것을 자신의 목숨만큼이나 귀하게 여겼다. 어느 날 숙제를 다 하고 집에 놓고 온 적이 있었다. 난 서연이의 성격을 알기에 다음에 가져와도 되니 걱정하지 말고 공부하자고 했다. 하지만 서연이는 다시 다녀오겠다고 하며 집에 다녀온 적이 있다. 나는 그런 서연이가 예뻐 보였다. 그래서 더 진정성 있게 대할 수 있었고 더 많이 도울 일을 찾았던 것 같다.

아이들은 숙제를 적어가도 자신의 글씨를 못 알아 볼 때가 있다. 그러면 언제라도 문자를 주거나 전화를 해서 확인하고 숙제를 한다. 하루하루 자신과 타인과의 약속을 저버리지 않고 성실하게 공부한다. 성실함은 서연이에게 큰 자산임에 틀림없다. 또한 공부시간이 늦을 때는 언제나 미리 연락을 해주고 스케줄이 바뀔 때에는 일주일 전에 양해를 구하는 모습 또한 타인으로 하여금 믿음을 갖게 해준다. 지금도 나는 서연이에게 참 고맙다.

나는 '1인 창업가'가 되겠다는 다짐을 했다. 그래서 유튜브와 블로그를 배웠다. 그 순간에는 '알겠어! 해내자!'라고 다짐을 했었다. 그런데 집에 와서 실행을 해보려고 하니 막막함이 다가오면서 좌절감이 들었다. 그리고 밀려오는 슬픈 감정을 바라볼 수 있었다.

사실 한 번 배웠고 잊을 수도 있다. 그런데 왜 좌절감이 들었을까 생각해보았다. 이는 비교의식 때문이라는 것을 깨달았다. '다른 사람들은 한 번 배우고 바로 하는데 나는 왜 그렇게 할 수 없을까?'하는 비교의식 말이다. 이런 마음을 바로 알아채고 다시 중심을 잡으려고 노력했다.

무엇이든 단기간에 되는 것은 없다. 꾸준히 실행하기 위해서는 현재의 나를 격려하고 용기를 주어야 한다. 마라톤에서 처음에 빨리 달리다가 지치는 사람도 있고 천천히 달리다가 전력질주 하는 사람이 있다. 나는 후자에 해당되니 '지금의 나에게 힘을 주어야 한다.'는 의식을 갖고 조금씩 실천할 것을 다짐했다.

영어공부 역시 하다 보면 누구에게나 어려움이 닥친다. 나는 네이버 블로그에서 영어공부에 고민이 있는 한 분을 만났다. 영어공부를 2년 동안 했는데 영어가 들리지 않는다는 분에게 도움을 드린 적이 있다. 작은 나의 경험담을 들려드렸는데 용기를 얻으시고 감사하다는 말씀을 주셨다.

모든 일을 할 때 성공하려면 시간이 걸린다. 너무 많은 시간을 들이지 않고 성공하려면 먼저 나를 알아야 한다. 내가 좋아하는 학습 스타일을 찾는 것이 먼저다. 그리고 남이 하는 것을 모두 따라 하다가 시간이 낭비될 수 있다. 나를 알고 내가 좋아하는 방식의 공부에 빠져서 하다 보면 영어를 잘하게 되는 날은 반드시 온다. 예를 들어 내가 영화를 좋아하는지, 노래 부르는 것을 좋아하는지, 책 읽기를 좋아하는지 등 나의 취미나 특기를 알아낸다. 나의 경우에는 노래를 좋아했다. 그래서 영어공부를 팝송으로 시작했고, 노래를 부르면서 좋은 표현들을 적고 외국인 친구들에게 그 말을 했다.

영어를 공부로 시작하면 공부로 끝나고 즐거움으로 시작하면 꾸준히 오래 할 수 있다. 그러다가 다른 좋은 방법이 있으면 해보는 것이다. 단, 남들이 말하는 비법들을 무작정 따라 하는 것이 아닌 내가 좋아하는 것으로 말이다. 그리고 가속도가 붙을 때 철저히 공부 계획을 세운다. 그 계획을 꾸준히 실행한다면 목표점으로 향하는 현재의 어려움은 그냥 거쳐가는 과정으로 여겨질 것이다. 고속도로에서 잠깐 들렀다 가는 휴게실 말이다. 그러니 포기하지 말고 어려움을 참고 견뎌야 한다. 그럴 때 비로소 목표점에서 미소를 지을 수 있다.

'철저히 계획하고 실천하는 리더'라 불리는 리 아이아코카는 미국의 기업가이다. 아이아코카는 32년간 포드 자동차 회사에서 근무하며 '머스탱' 등의 자동차를 개발했다. 머스탱은 그때까지 포드 자동차 역사상 가장 많이 팔리는 신기록을 세웠다. 그 덕분에 포드 자동차는 세계적인 자동차 회사로 발돋움했다. 아이아코카는 여기서 멈추지 않았다. 1979년 크라이슬러 자동차로 자리를 옮겼다. 당시 파산 직전이던 크라이슬러 자동차는 누구도 맡으려 하지 않았다. 아이아코카는 크라이슬러를 일으키기 위해 철저한 계획을 세웠다. 그리고 그 계획을 흔들림 없이 밀고 나갔다. 어떤 어려움도 참고 견디며 끝까지 실천하였다. 그 결과 그는 크라이슬러를 다시 최고의 자동차 회사로 만들었다.

최근 알게 된 김미영 작가님이 있다. 공무원으로 일을 하시는데 1년 전 미국으로 파견근무를 신청했다. 그 후 퇴근 전과 후는 영어공부를 계획하고 실천한다. 회사생활을 하면서 아이들을 돌보며 영어를 정복하기란 쉽지 않다. 그렇지만 그녀는 영어공부에 매진하여 마침내 해외근무 자격을 얻었다. 이번 년도 12월 말에 출국한다고 전해주셨다. 신랑과 아이 두 명과 함께하는 미국행이 실현되었다. 그녀를 보며 난 다시 한 번 느꼈다. 목표와 계획을 세우고 꾸준히 실행하는 것만이 진리라는 것을 말이다.

'올해는 일찍 일어나야지. 일찍 일어나서 30분 영어공부를 할거야!'

누구나 이런 계획을 한 번쯤 세워본 적이 있을 것이다. 실천한 날이 사흘을 못 넘긴 경우도 있다. 그렇다면 다시 한 번 계획을 세워보자. 너무 욕심을 부리지는 않았는지, 치밀하지 못하게 대충 계획을 세운 것은 아닌지 말이다. 그런 다음 끝까지 실천하자. 과정을 즐기다 보면 목표점에 다다르게 된다.

03

# 영어를 할수록 세상이 재미있어진다

영어를 대할 때 초등학생과 유치원생들의 다른 점이 있다. 내가 가르쳤던 대부분의 초등학생들은 유치원생보다는 무표정에 가깝다. 유치원생들은 자신의 생각을 거침없이 말한다. 스스로를 표현함에 두려워하지 않고 재미있는지 없는지를 뚜렷하게 말한다. 그래서 나는 유치원생 아이들이 재미있어하는 영어책을 같이 읽고 파닉스도 익히며 재미있는 영화도 본다.

초등 1, 2학년까지는 그래도 자신의 의견을 표현한다. 아직 천진난만한 모습들이 있다. 하지만 3학년이 넘어가면 아이들은 영어를 공부로 여긴다. 그래서 재미가 있는지 없는지도 잘 모른다고 말한다. 그리고 자신을 영어 앞에서 낮추는 경향이 있다. 나는 이런 점을 깨워주고 재미있는 쪽으로 유도하기 위해서 노력한다.

먼저 아이들과 친해지려고 노력하고 의견을 자주 묻는다. 어렵지는 않은지 재미있는지 끊임없이 물어본다. 말이 없는 아이에게는 유머러스하게 다가가서 꼭 대답을 듣는다. "영어 어때? 재밌어?"라는 질문에 아이는 한참 후에 "네!" 하고 대답한다. 자신의 기분을 알고 느끼는 것은 중요하다. 그래서 나는 아이들의 반응을 이끌어내는 것을 우선으로 여긴다. 다행히 아이들은 선생님의 노력을 받아준다. 나는 언제나 보람을 느끼며 아이들의 영어를 공부할 때 재미를 느끼도록 돕는다.

나는 아이들이 영어라는 친구와 함께하는 과정도, 그 결과도 즐겁게 느끼기를 바란다. 내가 너무나도 힘들게 영어공부를 해왔기 때문일까? 아이들에게 무작정 외우고 끈기 있게 하라고 강요하고 싶지 않다. 대신 포기만 하지 않는다면 잠깐 쉬어도 되고 질리지 않게만 했으면 하는 마음이 있다. 그래서 언제나 아이들의 표정을 살핀다.

학년이 올라갈수록 학습량이 많아진다. 하지만 아이에 따라서 그 양을 소화하는 것을 힘들어한다. 그러면 언제나 아이 편에 서서 이해를 시킨다. 먼저 숙제를 조금 줄여주고 몇 주 후에는 조금 늘려야 한다고 약속을 한다. 그러면 아이들은 자신의 마음을 알아준 것에 심적 안정을 갖는다. 아이 또한 잘하고 싶은 마음이 있기 때문에 이 약속을 꼭 지킨다. 그리고 이런 편안한 마음으로 노력한 결과 대부분의 아이들은 6개월 후면 영어공부에 재미를 느낀다. 레벨이 올라가더라도 어려움 없이 영어라는 친구와 자신의 길을 찾아나간다.

과연 영어를 할수록 재미있을까? 영어감각이 있는 아이들은 영어가 재미있다고 말한다. 영어감각이 덜하더라도 미래에 꼭 필요함을 느낀다거나 꿈이 명확한 아이들은 어려움이 생겨도 꿋꿋하게 헤쳐나간다. 하지만 대다수의 아이들은 그냥 영어공부를 한다. 주변 친구들이 해서 또는 엄마가 하라고 해서 하는 아이들이 있다. 이런 아이들은 영어가 재미있을 리가 없다.

그래서 나는 아이들에게 목표의식을 심어주려고 노력한다. 미래에 되고 싶은 직업이 있는지, 어떤 사람이 되고 싶은지, 그리고 주변에 어떤 영향력을 끼치고 싶은지 등 나이에 맞게 동기부여를 한다. 그리고 영어를 잘하면 어떤 일이 생길지 아이들에게 질문을 던지기도 한다. 아이들은 경험이 부족하다. 그래서 미래에 대한 간접 경험담을 들려주거나 질문을 하면 나름대로 머릿속에 자신의 꿈을 그리고 구체화하기 시작한다.

재미란 무엇일까? 우리는 무언가를 할 때 재미가 있으면 행복감이라는 감정을 느낀다. 반면 재미가 없으면 억지로 하게 되고 지겨워하기도 한다. 그러면 집중력은 생기지 않고 실력도 오르지 않으며 영어공부를 장기적으로 하기 힘들다.

영어공부에 재미를 느끼기 위해서는 마음이 편하고 즐거워야 한다. 그래서 아이의 마음과 기분을 살펴주어서 방향을 잡아주는 것이 중요하다. 아이에게 영어에 대한 재미는 한두 마디로 정의 내릴 수 없다. 그러나 아이들은 재미가 무엇인지 감각적으로 안다. "재밌니?"라는 질문에 "재밌어요." 혹은 "재미없어요."라고 말할 수 있다. 가끔 "잘 모르겠다."라고 말하는 아이들도 있다. 그건 재미가 없다는 의미이다. 재미가 있다면 "정말 재밌어요!"라고 자신 있게 말할 수 있다. 억지가 아닌 마음에서 우러나오는 재미를 말한다.

지민이는 초등학생 때 영어공부의 재미를 느낀 아이였다. 친구들이 다니는 영어 학원을 알아내서 부모님을 설득해 학원에 다녔다. 학원의 커리큘럼이 쉽지는 않았지만 자신이 선택한 일이니 힘들어도 참고 잘 이겨냈다. 중학생이 되어서 사춘기를 겪는 동안 영어공부를 쉬었다. 다른 공부 역시 하지 않고 사춘기라는 기다란 터널을 통과하느라 오랜 시간이 걸렸다. 3학년이 되어서 갑자기 하고 싶은 것이 '영어공부'였다. 지민이 엄마는 아이의 욕구를 포착하고 바로 나에게 도움을 요청했다.

나는 지민이에게 질문을 했다. 영어를 공부하고 싶은 이유를 물었는데 외국 음식을 요리하는 요리사가 꿈이라고 했다. 그러곤 가고 싶은 대학도 정해 놓았다고 했다. 나는 지민이를 위해 매일 영어공부하는 방법을 코칭해주었다. 영어에 흥미와 감각이 살아 있기에 조금만 노력하면 이루고 싶은 것을 하는 것은 시간문제였다. 인강을 찾아주고 학습계획서를 짜주었다. 지금 지민이는 자신의 꿈을 위해 초등학교 때 재미를 느꼈던 영어를 기반으로 다른 과목까지 계획을 세워서 열심히 공부를 하고 있다. 지민이에게 영어로 인해 더욱 재미있는 세상이 펼쳐질 것을 상상하니 아이를 위해 영어학습의 방향을 잡아준 것에 보람을 느꼈다.

영어가 성공의 도구였고 원어민 못지않게 영어를 잘하는 박진영은 세상을 아주 재미있게 사는 사람 중의 한 명인 것 같다. 그는 JYP 엔터테인먼트의 대표이자 가수이다. 노래는 당연히 수준급이고 춤을 즐겁게 잘 춘다. 유창한 영어 실력을 가진 연예인으로 유명한 그는 남들과 다른 포스로 매력을 뿜어낸다. 영어가 가능했기 때문에 미국에서 프로듀서로 활동을 하고 여러 아티스트들과 작업을 했다.

그는 아버지가 미국 지사로 발령을 받으면서 7살부터 9살까지 3년 가까이 뉴욕에서 살았다. 그 덕분에 삶의 자세, 자유로운 사고방식을 자연스럽게 익혔다고 한다.

『9등급 꼴찌, 1년 만에 통역사 된 비법』의 저자 장동완은 말한다.

"영어가 유창하게 되니 인생이 180도 바뀌더라. 모두가 늦었다고 할 때 시작했고, 몇 년 만에 4개 국어를 통역하게 되었다. 그러고 나서 세상이 더 재미있어졌다."

그는 학창 시절, 자신을 세상에서 가장 쓸모없는 존재로 여겼고 성적은 늘 하위권이었다. 그것이 곧 자신의 가치라고 생각했다. 그런 그가 불과 10년 뒤, 글로벌 비즈니스맨이 되어 화려한 연회장에서 외국인들과 파티를 즐긴다. 그리고 영어로 소통을 자유자재로 한다. 전 세계 어느 나라 사람과도 교류할 수 있고, 자신의 의사와 감정을 자유롭게 표현하면서 인생이 달라졌다고 말한다.

"좁은 공간, 한정된 기회에 갇혀 있던 제 삶은 '세계'라는 커다란 세상을 마주하게 된 것입니다."

나 역시 호주, 유럽 몇 곳, 동남아 몇 곳을 여행했다. 그때 내가 영어로 자유롭게 현지인들과 대화하면서 '인생이 멋지구나!'라고 생각했었다. 그들과 하나임을 느꼈다. 오늘날은 인터넷, AI시대이지만 기계로 대화할 때와 다른 것이 있다. 우리는 감정을 교류한다. 인간 대 인간으로만 느낄 수 있는 연결감은 또 다른 행복한 감정을 살아나게 한다. 우리는 지구촌에 살고 있다. 지구가 마을이니 어디나 그냥 옆집에 가는 것처럼 떠날 수 있다. 상상할수록 삶이 재미있고 행복하다. 여행으로든 사업으로든 학문을 위해서든 이제는 누구나 원한다면 가고 싶은 나라에 가서 자신의 역량을 펼칠 수 있다. 이 역시 영어라는 공통 언어가 있기 때문이다. 참으로 고맙다. 우리 아이들에게 영어라는 날개를 달아주자. 영어를 할수록 세상은 재미있어진다.

04

# 꿈이 있는 아이는 아름답다

『스토리가 강한 아이로 키워라』의 저자 김수영은 다음과 같이 말했다.

"꿈이 있는 아이들은 공부의 슬럼프를 잘 극복하고 엄마의 잔소리에도 민감하게 반응하지 않는답니다. 왜냐하면 꿈이 분명한 아이에게는 도파민이라는 호르몬이 많이 나와서 여유가 있기 때문이지요. 이 호르몬은 기쁨과 쾌락을 유발하기도 하지만 목표를 향해 나아가도록 동기를 유발시킵니다. 즉 학생에게는 공부를 하도록 동기부여를 해주는 호르몬이지요."

찬호가 유치원에 다니면서 꿈이 생겼다. 대통령이 되는 것이었다. 외할머니와 외할아버지를 포함해 우리 가족은 깜짝 놀랐다. 명절에 친가를 가면 친할머니와 친할아버지는 찬호의 꿈을 몇 번이나 반복해서 물어보시며 웃음꽃을 피웠다. 찬호가 대통령이 된다고 선포한 후 찬호는 책을 많이 읽었다. '훌륭한 사람이 되기 위해서 책을 많이 읽어야 한다'고 유치원 선생님께서 말씀해주셨다고 했다. 나는 밤마다 찬호가 원하는 책을 읽어주었다. 대통령이 되겠다는 꿈은 초등학교 저학년 때까지 계속되었다.

초등학교 고학년이 되면서 찬호는 맛있는 것을 만들어 먹고 싶다고 나에게 요청했다. 나는 바로 인덕션을 구입했다. 그리고 찬호가 원하는 요리 재료들을 사주었다. 찬호는 여러 가지 볶음요리를 좋아했다. 자신이 좋아하는 재료로 음식을 만들어 먹으며 만족해했다. 초등학교를 졸업할 때쯤 랩을 좋아하는 친구들과 어울렸다. 그리고는 꿈이 래퍼로 바뀌었다. 다른 어느 때보다도 찬호는 행복해보였다. 초등학교 졸업을 할 때 공연을 했다. 졸업식에서 랩을 불렀다. 학부모들과 졸업생, 선생님들은 힘찬 박수를 쳐주셨다. 찬호는 스스로를 정말로 자랑스러워했다.

중학생이 된 지금 찬호의 꿈은 프로게이머다. 지금의 컴퓨터가 생기기 전에 찬호는 노트북으로 연습을 했다. 나는 바로 컴퓨터를 사주지 않았다. 찬호는 노트북을 업그레이드하는 방법을 알아냈다. 그리고 노트북을 분해하여 청소를 하고 공기 순환하는 방법도 공부를 했다. 여러 가지 방법을 이용해서 노트북으로 게임 연습을 했다. 몇 달이 지난 후 나는 알게 되었다. 게임에 대해 잘 아는 지인의 말로는 성능이 느린 노트북으로 게임 연습을 한 찬호가 대단하다는 것이었다. 찬호는 이렇게 여러 가지 방법을 활용해서 컴퓨터에 대해서 배웠다. 나는 찬호의 노력을 본 후 정식으로 컴퓨터를 사주었다.

아이들은 이 지구별에서 자신의 꿈을 찾아 떠나는 여행을 하고 있다. 여행 중 여러 갈래의 길을 만나고 자신의 꿈을 선택하고 노력한다. 찬호의 경우에는 3년 주기로 꿈이 바뀌었는데 아이들에게는 자연스러운 현상인 것 같다. 그 꿈을 인정해주고 지지해주는 것이 중요하다고 생각한다. 또 다른 꿈으로 바뀔지라도 그 순간을 즐기는 것은 아이에게 큰 행복처럼 보인다. 자신이 하고 싶은 욕구가 충족이 되면 학생으로서 해야 할 공부도 집중하게 된다.

아직은 꿈을 탐색하는 과정에 있다. 그러나 분명 2년 후 진로 탐색 기회나 고등학생이 되면 자신의 꿈이 확고해질 거라 믿는다. 그 후 부모는 다른 꿈으로 바뀌면 다시 대화를 통해 탐색하는 과정을 지지해주는 것을 멈추지 말아야 한다. 이런 꿈들이 모여 자신이 무엇을 원하는지 확실히 알게 된다. 그리고 그것들은 더 낳은 꿈의 밑거름이 될 것을 확신한다. 또한 꿈이 있는 아이는 진취적이다. 그리고 하루를 즐겁게 보내고 긍정적이다.

마라톤 선수인 토시코시 세코는 1981년 보스턴 마라톤과 1983년 도쿄 마라톤 대회에서 우승을 했다. 그는 자신의 계획대로 훈련해서 세계적인 선수들을 앞섰다. 그의 꿈을 향한 계획은 아주 단순했다. '아침에 10km, 저녁에 20km 연습'이 전부였다. 계획이 너무 단순하지 않느냐는 질문에 그는 이렇게 대답했다.

"물론 단순하지요. 그러나 저는 1년 365일 하루도 거르지 않고 그대로 실천합니다."

사람들이 어떤 꿈을 향한 목표를 달성하지 못하고 실패하는 이유는 무엇일까? 목표가 단순해서가 아니라 계획대로 실천하지 않았기 때문이다. 우리는 꿈을 향한 목표를 세운다. 하지만 실천은 하지 않는다. 예를 들면 '영어공부를 매일 30분씩 하겠다.'라고 목표를 세워놓고 핸드폰이나 TV를 본다.

세코 선수의 계획은 그가 꿈을 향해 매일 실천하기에 부담이 없기에 효과적이었다. 꿈을 향한 목표와 계획은 반드시 커야 하는 것이 좋은 것이 아니다. 특히 아이들의 경우에는 쉽게 해낼 수 있는 만큼만 조금씩 행하도록 도와야 한다. 그래야 작은 성취감이 쌓여서 커다란 결실을 만들어낼 수 있기 때문이다.

다음은 내가 코칭하는 아이와 함께 작성한 목표 관리 시트이다.

**멋진 나(태원이)의 목표 관리 - (　　　)년 (　)월 (　)일**

1. 나의 장기 목표 :

나는 '자동차 디자이너'가 되어서 지금보다 더 나은 세상을 만들 것이다.

Your emotion causes your action.

2. 나의 단기 목표 :

이번 달 영어책 읽기 100권 달성한다.

How awesome you are!!

3. 장기 목표와 단기 목표를 달성하기 위해 오늘 반드시 해야 할 일 :

- 숙제를 꼼꼼하게 한다.
- 온라인 숙제 + ( 1,000단어, 스토리 프린트 )

4. 나는 오늘 이 약속을 반드시 지킨다.

천재는 노력하는 자를 이길 수 없고, 노력하는 자는 즐기는 자를 이길 수 없다.

| 요일 | 온라인 영어 | 영어책/노트 | 단어책 | 문장 만들기 |
| --- | --- | --- | --- | --- |
| 월 | | | | |
| 화 | | | | |
| 수 | | | | |
| 목 | | | | |
| 금 | | | | |
| 토 | | | | |
| 일 | | | | |

## 5. 오늘의 나 자신을 되돌아보자!

I enjoy speaking English. I am good at English.

| 오늘의 문제점 | 개선책 |
| --- | --- |
| | |
| | |

## 6. 오늘의 성공 법칙

I enjoy speaking English. I am good at English.

| 오늘의 문제점 | 개선책 |
| --- | --- |
| | |
| | |

| 원인(○○을 ○○했더니) | 결과(○○가 되었다.) |
|---|---|
| | |

7. 목표 달성을 위해 해야 할 일

| | 매우좋음 | 다소좋음 | 보통 | 다소나쁨 | 매우나쁨 |
|---|---|---|---|---|---|
| 목표를 5번 이상 소리 내어 말했습니까? | 10 | 5 | 3 | 1 | 0 |
| 목표 달성을 위한 시간 사용은 적절했습니까? | 10 | 5 | 3 | 1 | 0 |
| 오늘의 목표 달성에 만족합니까? | 10 | 5 | 3 | 1 | 0 |
| 오늘의 목표 달성에 적극적으로 임했습니까? | 10 | 5 | 3 | 1 | 0 |
| 오늘 좋은 자세, 행동, 표정으로 지냈습니까? | 10 | 5 | 3 | 1 | 0 |
| 오늘 적극적이고 좋은 말을 하며 지냈습니까? | 10 | 5 | 3 | 1 | 0 |
| 오늘은 경쟁자(어제의 나)와 비해 어땠습니까? | 10 | 5 | 3 | 1 | 0 |
| 부모님, 선생님, 친구들에 대한 감사의 마음은? | 10 | 5 | 3 | 1 | 0 |
| 목표 달성을 위해 노력을 다했습니까? | 10 | 5 | 3 | 1 | 0 |
| 주변의 정리정돈은 제대로 되어 있습니까? | 10 | 5 | 3 | 1 | 0 |

목표 관리 시트에서 오늘의 성공 법칙과 자신을 되돌아보는 시간이 가장 마음에 든다. 이는 아이들이 스스로 자신을 바라볼 수 있는 메타인지능력을 키워주기 때문이다. 아이들은 영어공부가 힘든 때도 있지만 기꺼이 하루하루 이루어간다. 나는 꿈과 목표를 위해서 어제의 자신와 경쟁하며 조금씩 나아지는 아이들을 보면 너무 흐뭇하다. 이런 느낌은 더욱 아이들을 돕고 싶게 만든다. 또한 이는 나 자신을 성장시켜준다.

오늘도 나는 아이들의 꿈을 지지하고 응원한다. 그리고 아이들은 목표 관리 시트를 작성하며 꿈을 향해 한 발 한 발 나아간다. 꿈이 있는 아이는 아름답다. 하루하루 노력하는 아이는 더 아름답다.

권투선수 무하마드 알리는 꿈을 이루기 위한 의지의 중요성을 이렇게 설명한다.

"챔피언은 결코 체육관에서 만들어지는 것이 아니다. 챔피언들은 자신의 가슴속에 들어 있는 꿈, 소망, 이상에 의해 만들어지는 것이다. 챔피언은 끝까지 잘 견뎌야 하며, 좀 더 빨라야 하며, 충분한 기량과 자신의 의지가 반드시 있어야 하는 법이다. 그러나 이 모든 것들 중에서 굳건한 의지로 노력하는 자만이 최고로 강한 챔피언이 될 수 있다."

05

# 영어는 절대 배신하지 않는다

얼마 전 돌아가신 시아버님은 평생 일만 하셨다. 아버님은 충남 논산에서 딸기 농사를 지으셨다. 그러면서 아들 셋을 키우고 출가시켰다. 팔십 평생 자식들 뒷바라지를 하면서 인생을 보내셨다. 아버님은 노래를 즐겨 들으셨다. 아마도 가수가 되고 싶었을런지도 모른다. 하지만 꿈을 향해 가는 것은 시도하지 못하셨다. 물론 자신만의 테두리 안에서 자식들이 커가는 것을 보고 행복하셨을 것이다. 자식들은 사랑하는 부모님께 더 크고 멋진 세상을 보여주고 싶어 한다. 신랑과 나를 가장 아프게 하는 것은 아버님께 더 큰 세상을 보여드리지 못한 것이다.

평생 작은 우물 안에 갇혀 있으면서 그것이 세상의 전부인 줄 알고 사는 인생과 우물 밖의 넓은 세상을 보며 사는 인생은 어떻게 다를까? 물론 굳이 힘들게 우물에서 나올 필요가 있냐고 반문할 수 있다. 우리가 그리는 꿈의 크기가 다르기 때문이다. 영어를 통해 세상 밖을 바라보면 무엇이 보일까? 영어 시험을 통과하고 프로필을 만들 수도 있다. 더 나아가 미래에 더 큰 그림을 바라보려면 영어가 필요하다. 거대한 세상과 소통하려면 그에 맞는 도구가 필요하기 때문이다. 영어에 대한 열망은 인생을 보다 풍요롭게 바꿔준다.

중국 최고의 부자 마윈은 영어 강사였다. 하지만 2014년 전자상거래 서비스 알리바바를 설립한다. 그리고 자산 26조 원의 중국 최고의 부자가 되었다. 어떻게 그 일이 가능했을까? 여러 가지 성공 요인이 있겠다. 그중 하나는 '영어'다.

어린 시절 가난했고, 학벌도 좋은 편이 아니었다. 고향에서 가장 낮은 대학을 3번 도전 끝에 들어갔다. 하지만 아무도 그가 성공할 거란 상상을 못 했다. 마윈은 세상 밖을 동경했다. 그래서 영어를 배우겠다는 의지 하나로 매일 아침 광저우 호텔에 가서 무료 관광 가이드를 해주면서 영어를 배웠다. 그동안 갈고 닦은 영어 실력으로 미국 투자회사와 협상을 하는 대표자로 미국을 방문한다. 그리고 그곳에서 인생을 바꾸는 경험을 한다. 바로 인터넷이다. 그리고 그것을 중국으로 가장 먼저 도입한 사람이다.

마윈의 탁월한 영어 실력은 두 번째 기회를 가져온다. 야후 설립자 제리 양과의 만남이다. 휴가로 만리장성을 방문한 제리 양은 놀랍게도 투어가이드인 마윈을 만난다. 그는 제리 양과 만리장성을 걷는다. 그러면서 자신이 머릿속으로 생각했던 전자상거래에 대해 자연스럽게 대화를 한다. 이것이 전자상거래 비즈니스가 현실화되는 계기가 된다. 제리 양은 신규 투자처를 물색하던 손정의 회장에게 마윈을 소개한다. 알리바바 사업 아이디어를 소개할 수 있는 기회를 준 것이다. 그 자리에서 마윈은 유창한 영어로 알리바바의 가능성을 설명한다. 손정의는 단 6분 만에 우리 돈 약 200억 원을 투자한다. 그리고 알리바바는 기적의 성장을 한다.

나는 마윈이 영어를 배우겠다는 의지 하나로 매일 아침 45분씩 자전거를 타고 항저우 호텔로 가는 모습을 상상해본다. 이런 노력이 없었다면 지금의 그가 있었을까? 게다가 항저우에 방문한 외국인들에게 무료로 관광 가이드를 해준다. 바로 영어를 배우기 위해서다. 너무 가난해서 학원을 갈 형편이 되지 않았기 때문이다. 하늘은 스스로 돕는 자를 돕는 것이 맞다. 돈을 받지 않고 부단한 노력으로 영어 실력을 쌓은 마윈에게 박수를 보낸다. 게다가 그는 9년 동안 한 번도 빠지지 않고 무료 가이드를 했다고 한다. 9년이라는 세월이면 강산도 바뀐다. 하물며 그가 현장에서 배운 9년의 노력은 참으로 대단하다. '준비된 자가 기회를 잡는다.'라는 말이 있지 않은가? 그 후 마윈은 일취월장한 영어 실력으로 기적과 같은 기회들을 알아볼 수 있었다. 결국 그에게는 영어가 성공의 열쇠였다.

아이들에게 마윈의 이야기를 해주면 바로 동기부여를 받는다. 아이들은 영어를 왜 해야 하고 영어로 무엇을 이룰지에 대한 것을 생각한다. 처음엔 '중국 사람 이야기'라 하니 호기심에 귀를 쫑긋 세우고 듣는다. 아이들은 우리나라 사람과 비슷하게 생긴 중국인들을 떠올려보면서 생김새를 묻기도 한다. 나는 아이들의 상상에 맡긴다. 그 다음 수업에 아이들은 마윈에 대해 인터넷을 검색하고 알게 된 것들을 나에게 설명을 해준다. 나는 먼저 아이들이 스스로 알아낸 마윈의 스토리를 듣는다. 그리고 마윈의 경우처럼 영어가 넓은 세상으로 가는 멋진 도구가 되어준다는 것을 다시 한 번 강조한다. 학생들은 바로 동기부여를 받는다. 그리고 영어를 열심히 하겠다고 다짐한다.

찬우는 7살 때부터 영어공부를 시작했다. 지금 18살이다. 7살 여름에 영어책을 읽으면서 시작했다. 2년 정도 꾸준히 독서를 했다. 3학년 때부터는 학원을 다녔다. 그곳에서 듣기, 말하기, 쓰기를 병행해서 영어공부를 진행했다. 5학년 때에는 슬럼프가 와서 고생길을 맞았다. 영어가 죽어도 하기 싫다고 했다. 6학년 때에는 더욱 힘든 시기를 보냈다. 중학교 3년 동안은 문법과 토플공부를 하면서 영어에 박차를 가했다. 지금 고등학교 2학년인 찬우는 수능영어를 하고 있다.

12년 남짓의 기간 동안 찬우는 자신의 의지와 노력을 불태웠다. 엄마는 안내자로서 영어공부에 좌절하지 않을까 노심초사했다. 그리고 힘들어할 때마다 아낌없이 격려하고 지지해주었다. 영어를 공부하다가 어려움이 닥쳐오면 나에게 전화를 하시고 코칭을 원하셨다. 그때마다 나는 가이드를 해주었고 찬우는 영어라는 긴 여정을 완성해가는 중이다.

찬우는 영어를 '계단'이라고 말한다. 한 발짝 그냥 올라갔을 뿐인데 뒤를 돌아보면 엄청 많이 와 있어서 뿌듯하다고 말한다. 나는 찬우의 말을 듣고 감격에 잠겼다. 그동안 많이 힘들었을 텐데 긍정으로 자신을 바라보고 꾸준히 공부하는 찬우가 자랑스러웠다. 엄마 또한 힘들 때마다 아이를 격려하고 용기를 주며 기도했던 것이 아이에게 영어에 대한 확신을 주었다고 믿는다. 아이의 능력을 믿고 지지한 엄마에게 박수를 보낸다.

찬우에게는 꿈이 있다. 엄마 아빠처럼 세무 일을 하는 것이다. 국제세무사 자격증을 따서 세계로 향하는 꿈을 꾸고 있다. 나는 충분히 가능하다고 생각한다. 꿈은 믿음으로 나아갈 때 이룰 수 있다.

최고의 지혜서 성경에 보면 "내가 너희에게 말하노니 무엇이든지 기도하고 구하는 것은 받은 줄로 믿으라. 그리하면 너희에게 그대로 되리라."라는 말이 있다. 아직 바람이 실현되지 않았지만 이미 이루어진 것처럼 생각하고 행동하라는 뜻이다. 성공은 마치 그것이 이미 이루어진 것처럼 사는 사람들에게 주어지는 선물 같은 것이다. 믿고 생각하고 행동을 할 때 우리는 꿈을 이룰 수 있다. 찬우에게 영어공부는 꿈을 이룰 수 있는 큰 도구이다. 7살 때 시작하여 많은 역경을 이겨낸 찬우를 보면 불가능이 없을 거라고 나는 확신한다. 그래서 나는 오늘도 찬우와 찬우 엄마 곁에서 성경의 지혜를 전달하고 응원한다.

우리 아이는 몇 살인가? 이 책을 읽는 독자라면 자녀가 있는 부모님일 것이다. 유치원생들에게는 초등학생의 사례들이 도움이 될 것이다. 초등학생들에게는 중학생의 사례들이 참고가 될 것이다. 더 나아가 마윈의 성공담은 모든 사람들에게 희망을 준다.

'고통이 없으면 얻는 것도 없다.'라는 말이 있다. 우리의 인생도 그러하듯 영어 또한 자신이 노력한 만큼의 대가를 얻을 수 있다. 어떤 것이든 고통 없이 쉽게 이룰 수 있는 일은 없다. 쉽게 이루었다고 생각하는 것은 쉽게 잃어버리게 마련이다. 영어는 더욱 그렇다. 꾸준히 반복하고 연습해야만 진정한 실력이 쌓이게 된다. 이러한 고통 속에서 얻은 달콤한 열매는 값지다. 그리고 그 결실이 더욱 소중하다.

헬렌 켈러는 말했다.

“우리가 할 수 있는 최선을 다할 때, 우리 혹은 타인의 삶에 어떤 기적이 나타나는지 아무도 모른다.”

영어는 절대 우리 아이들은 배신하지 않는다. 더 넓은 세계와 소통하는 아이들을 만나게 될 것이다.

06

# 우리 아이 영어로 새로운 세상을 만나게 하라

"엄마 나 한 달 후에 호주로 떠나."

내 나이 20대 후반에 부푼 꿈을 안고 호주로 갈 준비를 했다. 어학원에서 근무했던 나는 깊은 생각에 잠겼었다. 언어를 배우기 위해서는 우리나라에서만 공부하는 것은 한정되어 있음을 느꼈다. 그때 당시 작은 교실에서 아이들에게 영어를 가르치고 있는 내가 답답하게 느껴졌다.

나는 유년 시절부터 미지에 대한 호기심이 있었다. 세계여행을 하는 것이 꿈이었다. 그래서 그 시작을 호주로 정했다. 도서관에서 책을 보다가 드넓은 땅에 끝없이 펼쳐진 대양의 사진을 보고 완전히 호주에 반해버렸다. 그리고는 한 달 동안 여행 계획을 세운 후 바로 떠날 수 있었다. 그동안 스스로 돈을 벌고 나의 미래를 위해서 영어공부를 해왔기에 가능한 일이었다. 바로 호주로 가서 집을 구하고 3달 정도 영어회화를 배우면서 적응하기로 했다. 그리고 나머지 기간은 여행도 하고 일도 하면서 살아 있는 영어를 익히고 싶었다.

여행을 하면서 전 세계에서 온 사람들을 만나고 그들과 생각을 주고받으면서 친구가 되고 싶었다. 그러면 영어 말하기 실력은 당연히 높아질 거라 확신했다. 그리고 호주에서 일을 하고 싶었던 이유는 일을 하면서 사람들과 직접 부딪치면서 의사소통을 하고 싶었다. 그러면 1년이라는 기간을 보람차게 보낼 수 있을 거라 생각했다.

역시 나의 생각이 딱 들어맞았다. 호주는 첫 여행지로 너무 좋았다. 먼저 처음 여행하는 여행객에게 안전한 장소였다. 그리고 호주 사람들은 너무도 친절했다. 조금도 낯설지 않은 분위기가 언젠가 와본 듯한 느낌이 들 정도로 편안한 곳이었다.

시드시 공항에 처음 도착했을 때의 맑은 아침 기운이 지금도 느껴진다. 동양인인 나에게 밝은 웃음으로 인사를 건네주는 다양한 머리색의 사람들에게 나도 용기를 내어 인사를 했다. 공항에서 호주 사람들과 밝은 인사로 시작한 나의 1년 프로젝트는 아주 성공적이었다. 호주에 가기 전 3년 이상 영어 말하기를 준비했기에 가능한 일이었다.

세상은 넓다. 다양한 인종, 국가의 사람들과 대화를 하면서 많은 것을 배울 수 있다. 세계의 다양한 곳에서 온 사람들과 친구가 되고 즐겁게 이야기할 수 있는 것은 바로 공통 언어인 영어가 있기 때문이다. 난 워킹홀리데이 프로그램으로 1년 동안 호주에서 인생을 배울 수 있었다.

그중 기억에 남는 활동은 ATCV라는 호주자원봉사 프로그램이었다. 호주 국립공원 등을 다니면서 나무도 심고 동물원에서 동물들도 돌봤다. 자연의 풍요로움을 받기만 했는데 내가 도움을 줄 수 있음에 감사함을 느낄 수 있었던 시간이었다. 타지에서의 아주 색다른 느낌이었다. 호주는 땅도 크지만 나무들도 컸다. 그곳에서 여러 나라에서 온 친구들과 쉬는 시간에 샌드위치를 먹으면서 저 멀리 바다를 보고 있었다. 약간 비가 온 뒤 갑자기 해가 비치면서 본 하늘은 참으로 아름다웠다. 그때 그렇게 큰 무지개를 본 것은 처음이었다. 그것도 쌍무지개로 말이다. 마치 내가 꿈을 꾸고 있는 것 같았다.

내가 호주를 여행하는 동안 우리나라의 영어교육에 대해 많은 생각을 할 수 있었다. 우리나라 교육 과정과 현실적인 차원을 타국가와 비교해볼 때 비

현실적 영어교육들이 생각나서 마음이 꺼림직했다.

여행을 하는 동안 만난 사람들 중 유럽에서 온 학생들이 많았다. 유럽인들은 의사소통이 자연스러웠다. 동양인들과는 다른 여유로움이 느껴졌다. 그들은 영어를 자유자재로 말하는데 막힘이 없고 자신감까지 있었다. 나는 그들에게 유년 시절에 영어공부를 어떻게 했는지 물었다. 그들은 영어가 자신들의 나라 말과 비슷하다고 했다. 그리고 어릴 때부터 영어로 된 방송을 매일 접했기 때문에 영어가 전혀 어렵지 않다고 했다. 그들은 교실에서만 영어를 한 것이 아닌 일상생활에서 자연스럽게 해왔던 것이다. 영어를 접하는 환경에 노출되는 것이 중요함을 다시 한 번 느끼는 계기가 되었다.

마윈은 알리바바 그룹의 전 대표이사이자 회장이며, 포브스 표지에 실린 최초의 중국인이다. 그는 "내가 이룬 모든 것은 영어공부를 했기 때문에 가능했다."라는 말을 남겼을 정도로 영어의 중요성을 강조했다. 또한 2018년 2월 7일 연세대학교 백주년기념관에서 '제1회 글로벌 지속가능 발전 포럼(GEEF)'이 열렸다. 여기서 반기문 전 UN사무총장과 마윈 회장의 대담이 있었다. 그 때 마윈은 "인공지능 도구가 아무리 발달하더라도 모든 사람이 외국어를 배워야 한다."라는 말을 남겼다.

내가 가르쳤던 학생 중 민수라는 아이가 있었다. 그는 영어에 심한 반감을 가진 아이였다. 영어 숙제에 대한 압박감 때문에 "영어가 세상에서 제일 싫다."라는 말을 자주 했다. 민수에게 꿈이 뭐냐고 물었다. 놀랍게도 사업가가 되고 싶다고 했다. 나는 마윈에 대한 이야기를 해주었다. 그리고 유튜브에서 그의 유창한 영어 실력이 담긴 영상들을 민수에게 보여주었다. 마윈 회장이 자유롭게 영어를 구사하며 세계 무대를 누비는 모습을 보자 민수는 큰 충격을 받았다. 나는 민수의 눈빛이 달라지는 것을 느낄 수 있었다. 세계적으로 사업을 하는데 있어 영어가 얼마나 중요한 역할을 하는지 알게 된 민수는 "영어가 세상에서 제일 싫다."라는 말은 더 이상 하지 않았다. 민수는 자신의 꿈과 영어의 연결점을 찾은 것 같았다.

유튜브에서 미국의 유명 TV talk show의 하나인 'Ellen Show'에서 방탄소년단이 출연한 것을 본 적이 있다. 인터뷰 초반에 Ellen은 RM에게 영어를 잘한다고 칭찬하면서 어떻게 했는지 질문을 한다. RM은 말한다.

"사실, 제 영어 선생님은 〈프렌즈〉라는 시트콤이었어요."

가수가 꿈인 유림이에게는 방탄소년단 RM이 우상 같은 존재다. 나는 유림이에게 RM의 영어 인터뷰 장면을 보여주며 유림이도 언젠가는 이런 멋진 영어 인터뷰를 할 날이 올 것이라는 희망을 심어주었다. 그러자 유림이는 하루에도 몇 번씩 RM의 영어 인터뷰 장면을 쳐다 보며 누구보다 열심히 영어공부에 집중하고 있다.

영어로 새로운 세상을 그려본 아이와 그렇지 않은 아이 사이에는 커다란 차이가 존재한다. 아이들은 아직 어리기 때문에 영어가 왜 그렇게 중요한지, 앞으로 자신의 삶을 위해 영어가 왜 필요한지 잘 알지 못한다. 그러다 보니 영어는 늘 무거운 짐처럼 느껴질 수도 있다. 따라서 아이에게 영어공부를 강요하기에 앞서 아이의 미래를 그려보게 하는 것이 훨씬 중요하다.

"영어는 더 이상 영국인들과 미국인들의 언어가 아닙니다."

우리나라의 대표 언어 천재로 꼽히는 조승연 작가는 한 강연에서 영어를 배워야 하는 이유를 말한다. 인터넷을 보면 한국말로 되어 있는 웹사이트는 0.7%이지만 영어로 되어 있는 웹사이트가 전체 웹사이트의 55%를 차지한다고 그는 말한다. 그래서 자료를 찾거나 업무를 처리할 때 한국어가 아닌 영어로 검색하면 무려 80배가 넘는 정보를 접할 수 있다고 덧붙인다. 즉, 영어를 자유롭게 할 수 있게 되면 접할 수 있는 지식의 양이 많아진다. 또한 더 넓은 시장으로 나아가기 위한 기회를 스스로 만들 수 있게 된다.

앞으로 21세기 우리 아이들이 활동할 무대는 대한민국이 아니다. 우리 아이들은 전 세계를 상대하면서 국경 없는 무한 경쟁 시대를 살아가야 한다. 인재가 재산인 우리나라에서 무한 경쟁 시대에 맞는 유창한 영어 실력은 바로 대한민국의 국가 경쟁력이 될 것이다. 글로벌 시대에 맞게 우리 아이들에게 영어의 날개를 달아주자. 영어로 말과 글이 자유로운 글로벌 인재가 되도록 우리 아이들을 돕기 바란다.

# APPENDIX

## 온라인 유료사이트와 영어신문 활용하기

1. 넷플릭스 www.netflix.com

영화, 드라마, 시트콤, 다큐멘터리 등 다양한 주제의 전 세계 영상을 편하게 즐길 수 있다.

2. 리틀팍스 www.littlefox.co.kr

애니메이션 영어 동화 도서관이다. 동화, 동요, 단어장, 프린터블 북, 학습기록 등을 제공한다.

3. 하라고영어 www.harago.co.kr

듣고 말하기를 집중적으로 할 수 있다. 단어장, 문장 익히기, 워크북 등이 있어서 편리하다.

4. 에픽 www.getepic.com

다독을 위한 듣기 환경에 좋은 온라인 영어 도서관이다. 아이들의 호기심을 충족시킬 내용이 많다.
미국 현지에서도 많은 사람들이 활용한다.

5. 마이온 www.myon.com

리딩 레벨에 따른 양질의 책을 이용할 수 있다.
모르는 어휘에 커서를 대면 영영 사전처럼 뜻을 알려줘서 정독에 도움이 된다.

6. 리딩게이트 www.readinggate.com

단계에 따라 점차 읽기 능력을 키우기 좋아 문제 풀이 독후 활동을 즐기는 친구들에게 좋다.
문제수가 많은 편이다.

7. 라즈키즈 www.raz-kids.com

미국과 캐나다 소재의 공립학교에서 활용하는 온라인 영어 도서관이다.
단계별 읽기로 독후 문제풀이가 있다. 문제수가 적은 편이다.

8. The Kpop Herald www.kpopherald.com

9. NE Times www.netimes.co.kr

10. EBS English www.ebse.co.kr/apps/online/paper.do

11. Time For Kids www.timeforkids.com

12. Breaking News English www.breakingnewsenglish.com

## 유튜브에서 활용할 수 있는 유용한 영어채널

Mother Goose club / Super Simple Song / Maple Leaf Learning / Barefoot Books

노래로 부르는 영어 동화. 흥겨운 노래로 영어소리 노출에 효과적이다.

Arthur / Peppa Pig / Martha Speaks

캐릭터 애니메이션으로 시청각 콘텐츠를 활용해 맥락에 따른 소리 듣기 경험에 도움을 준다.

Alpha Blocks / ELF Kids Videos

파닉스와 사이트워드 등 각 문자의 정확한 소리 이해에 좋은 채널이다.

Hiho Kids / Zach King / Ryan's World

해외 유튜버 채널로 다양한 상황의 영미 문화에 익숙해질 수 있다.

Disney Channel Movieclips / Disney Channel / Walt Disney Animation Studios

클립 영상 영어 대사를 활용해 듣기 및 말하기 연습을 할 수 있다.

Caillou / Treehouse Direct / Max & Ruby-official / Little Bear-official / Olivia The Pig Official Channel / Peppa Pig-Official Channel / Curious George Official / Arthur / Wild Kratts / Magic School Bus / PJ Masks Official / Ranger Rob-Official / Chloe's Closet-Full Episodes / Angelina Ballerina / Strawberry Shortcake-WildBrain / Milly, Molly-Official Channel

다양한 캐릭터 애니메이션은 아이들을 영어의 세계에 빠져들게 한다.

Ryan's World / Art for Kids Hub / JeremyShaferOrigami / WhatsUpMoms / Rosanna Pasino / Come Play With Me / LAB 360 / Blippi / Moriah Elizabeth /

아이의 적성과 취향을 고려한 영상 보여주기

Hungry Plar Bear Ambushes Seal / Tiger Cubs Swimming For The First Time / Wild Amazon Documentary HD / Art / ARCHITECTURE : Andy Warhol / 15 Things You Didn't Know About Coco Chanel / The Incomparable Malala Yousafzai
다큐멘터리

## 유용한 주제별 채널 검색하기(키워드 활용)

1. 기념일

Christmas(성탄절), Flower Girl(결혼식 화동), Easter Day(부활절), Thanks Giving Day(추수감사절), Easter Day(부활절), Flower Girl(결혼식 화동)

2. 활동

Origami(종이접기), Cooking(요리), Craft(공예), Cleaning(청소), Drawing(그리기), Dancing(춤), Scavenger Hunt(물건 찾기 놀이), Treasure Hunt(보물찾기), Bathtub(목욕 놀이), Pirate(해적 놀이), Fishing(낚시), Snowman(눈사람), Painting(색칠하기), Baking(제빵), Parade(퍼레이드), Hide and Seek(숨바꼭질)

3. 학교

Back to School(새 학년 첫 등교 날), Fire drill(소방훈련), Show and Tell(좋아하는 물건 가져와 발표하는 날), Spelling Bee(철자 맞추기 대회), Crazy Hair Day(특이한 머리 모양을 하고 등교하는 날), School Play(연극), Talent Show(장기자랑), Lunch Box(도시락), Graduation Day(졸업식), Contest(대회), Bully(불량배), Science Fair(과학의 날), April Fool's Day(만우절), Field Trip(현장 체험), Earth Day(지구의 날), Sport Day(운동회), 100th Day of School(100번째 등교하는 날을 기념하는 행사)

4. 가족/일상

Cleaning Day(대청소날), Moving Day(이삿날), Birthday(생일), Tooth Fairy(이빨 요정), Imaginary Friend(상상 친구), Yard Sale(벼룩시장), Gardening(정원 가꾸기), Rainy Day(비 오는 날), Library(도서관), Nightmare(악몽), Pocket Money(용돈), Lost and Found(분실물 보관소), Sleepover(Pajama) Party(밤샘 파티), New Baby(부모님 대신 아이 돌봐주기), Summer Vacation(여름방학), Chicken Pox(수두), Hiccups(딸꾹질), Monster Under the Bed(침대 귀신)

5. 자연/과학

Science Experiment(과학 실험), Climate Change(기후 변화), Global Warming(지구온난화), Deep Sea Creatures(심해생물), Electricity(전기), Storm(폭풍우), Tornado(토네이도), Volcano(화산), Earthquake(지진), Dinosaur(공룡), Snow(눈), White Shark(백상아리), Polar Bear(북극곰), Gravity(중력), Outer Space(우주 공간)

## 아이가 좋아하는 챕터북 시리즈 추천 리스트

『Magic Tree House』 Mary Pope Osborne 지음

초등학교 3학년 남자아이가 여동생과 함께 매직 트리 하우스를 통해 하는 시간 여행

『Junie B Jones』 Barbara Park 지음

엉뚱하고 호기심 많은 유치원 여자아이의 일상

『Arthur Chapter』 Marc Brown 지음

Arthur의 학교와 집에서의 일상

『Jigsaw Jones Mystery』 James Preller 지음

두 명의 주인공이 미스터리한 사건을 퍼즐 조각 맞추듯 풀어가는 어린이용 추리 소설

『Nate the Great』 Marjorie Weinman Sharmat 지음 | 추리, 탐정

소년 탐정 Nate의 일상

『Zack Files』 Dan Greenburg 지음 | 현실과 환상을 오가는 판타지

10살 소년 Zack 에게만 일어나는 과학적으로 설명하기 힘든 일들

『Marvin Redpost』 Louis Sachar 지음 | 친구, 학교, 일상

누구나 한번쯤 해봤을 엉뚱한 상상이 주특기인 Marvin의 일상

『Pain and the Great One』 Judy Blume 지음 | 일상

뭐든 잘하는 3학년 누나와 샘 많은 1학년 동생의 티격태격 일상

『Fly Guy Presents』 Tedd Armold 지음 | 논픽션, 지식, 정보

역사, 문화, 과학, 예술 등 다양한 분야를 소개해주는 파리 Fly Guy

『Ready, Freddy』 Abby Klein 지음 | 가족, 친구, 학교 생활, 일상

평범하고 소심한 초등 1학년 Freddy의 일상

『Jeremy Strong Series』 Jeremy Strong 지음 | 일상, 유머

작가 제레미 스트롱의 다양한 시리즈

『Dirty Bertie』 David Roberts 지음 | 일상, 유머

기발한 상상력 가득한 재치 있는 말썽꾸러기 Bertie의 일상

『The boxcar Children』 Gertrude Chandler Warner 지음 | 모험, 추리

부모가 죽고 남겨진 4명의 아이들이 버려진 기차 화물칸에서 함께 살며 겪는 모험

『Diary of a Wimpy Kid』 Jelf Kinney 지음 | 친구, 학교

중학생 Greg의 학교와 친구, 집과 가족 등 일상적인 이야기를 솔직하게 보여주는 일기 형식의 챕터북

『Ivy and Bean』 Annie Barrows 지음 | 일상, 친구

겉보기에는 완전히 판이한 성격을 가진 두 소녀 Ivy와 Bean의 우정 이야기

『Gooney Bird』 Lois Lowry 지음 | 친구, 학교 생활

반에서 최고의 이야기꾼인 Gooney Bird의 특별한 학교 생활
(뉴베리상을 2번 수상한 Lois Lowry의 작품)

## 작가별 단행본 추천 리스트

1. 재클린 윌슨

5~7세 아이들을 위한 책 :

『The Dinosaur's Packed Lunch 공룡도시락』

『The Monster Story Teller 꼬마 괴물과 나탈리』

『My Brother Bernadettte 내 동생 버나드』

7~9세 아이들을 위한 책 :

『Lizzie Zipmouth 리지 입은 지퍼 입』

『The cat Mummy 미라가 된 고양이』

『The Mum-Minder 엄마 돌보기』

『The Worry Website 고민의 방』

『Sleep-Overs 잠옷 파티』

9~10세 아이들을 위한 책 :

『Double Act 쌍둥이 루비와 가닛』

『Vicky Angel 천사가 된 비키』

『The Lottie Projet 로티, 나의 비밀 친구』

『The Story of Tracy Beaker 난 작가가 될 거야!』

『The Suitcase Kid 일주일은 엄마네, 일주일은 아빠네』

『Dustbin Baby 내 이름은 에이프릴』

『Lola Rose 행복한 롤라 로즈』

2. 모 윌렘스

Pigeon 시리즈 :

『Don't Let the Pigeon Drive the Bus! 비둘기에게 버스 운전은 맡기지 마세요!』(2003)

『The Pigeon Finds a Hot Dog!』(2004)

『The Pigeon Loves Things That Go!』(2005)

『The Pigeon Needs a Bath!(I Do Not!)』(2014)

『The Pigeon has to to to school!』(2019)

『The duckling gets a cookie!?』(2012)

Knuffle Bunny 시리즈 :

『Knuffle Bunny Too : A Case of Mistaken Identity』 (2008)

『Knuffle Bunny : A Cautionary Tale』 (2004)

『Knuffle Bunny Free : An Unexpected Diversion』 (2011)

Elephant and Piggie 시리즈 :

『Today I Will Fly!』 (2012)

『I Am Invited to a Party!』 (2012)

『There is a Bird on Your Head!』 (2007)

『Can I Play Too?』 (2010)

『Elephants Cannot Dance!』 (2009)

『We Are in a Book!』 (2010)

Cat the Cat 시리즈 :

『Who Flies, Cat the Cat?』 (2014)

『What's Your Sound, Hound the Hound?』 (2010)

『Time to Sleep, Sheep the Sheep!』 (2010)

『Who is that Cat the Cat?』 (2014)

『Who Says that, Cat the cat?』 (2014)

『Cat the Cat, who is That?』 (2010)

3. 셸 실버스타인

『A Giraffe and a Half』 (1964)

『A Light in the Attic』 (2009)

『Every thing on it』 (2011)

『Falling Up』(2001)

『Runny Babbit』(2007)

『The giving tree』(1964)

4. 주디 블룸

Fudge Books 시리즈 :

『Double Fudge 퍼지는 돈이 좋아!』(2010)

『Tales of a four grade nothing』(2007)

『Otherwise known as Sheila the great』(2007)

『Superfudge』(2007)

『Fudge-a-Mania』(2007)

The pain and the great one 시리즈 :

『Soupy Saturdays with the pain & the great one』(2009)

『Going, Going, Gone! With the pain & the great one』(2010)

『Cool zone With the pain & the great one』(2009)

5. 엘윈 브룩스 화이트

『Charlotte's Web 샤롯의 거미줄』(2001)

『Stuart Little 스튜어트 리틀』(2001)

『The Trumpet of Swan』(2000)

## 뉴베리 수상작 소개

『The Inquisitor's Tale 이야기 수집가와 비밀의 아이들』 Adam Gidwiz 지음 | 2017

『The Girl Who Drank the Moon 달빛 마신 소녀』 Kelly Barnhill 지음 | 2017

『Roller Girl 롤러 걸』 Victoria Jamieson 지음 | 2016

『Flora & Ulysses 초능력 다람쥐 율리시스』 Kate DiCamillo 지음 | 2014

『Doll Bones 인형의 비밀』 Holly Black 지음 | 2014

『The Year of Billy Miller 빌리 밀러』 Kevin Henkes 지음 | 2014

『Paperboy 말하기를 좋아하는 말더듬이입니다』 Vince Vawter 지음 | 2014

『Bomb 원자폭탄 : 세상에서 가장 위험한 비밀 프로젝트』 Sleve Sheinkin 지음 | 2013

『Three Times Lucky 소녀 탐정 럭키 모』 Sheila Tumage 지음 | 2013

『The One and Only Ivan 세상에서 단 하나뿐인 아이반』 Katherine Applegate 지음 | 2013

『Breaking Stalin's Nose 세상에서 가장 완벽한 교시』 Eugene Yelchin 지음 | 2012

『Moon over Manifest 매니페스트의 푸른 달빛』 Clare Vanderpool 지음 | 2011

『Turtle in Paradise 우리 모두 해피 엔딩』 Jennifer L. Holm 지음 | 2011

『Dead End in Norvelt 노벨트에서 평범한 건 없어』 Jack Gantos 지음 | 2011

『Inside Out & Back Again 사이공에서 앨라배마까지』 Thanhha Lai 지음 | 2011

『When You Reach Me 어느날 미란다에게 생긴 일』 Rebecca Stead 지음 | 2010

『Claudette Colvin : Twice Toward Justice 열다섯 살의 용기』 Phillip Hoose 지음 | 2010

『The Mostly True Adventures of Homer P. Figg
거짓말쟁이 호머 피그의 진짜 남북전쟁 모험』 Rodman Philbrick 지음 | 2010

『The Underneath 마루 밑』 Kathi Appelt 지음 | 2009

『Savvy 밉스 가족의 특별한 비밀』 Ingrid Law 지음 | 2009